新型纺织服装材料与技术丛书

国家自然科学基金面上项目（项目编号：61671489，61471404）

电磁屏蔽织物模型及性能

刘 哲 汪秀琛 著

U0242086

中国纺织出版社有限公司

内 容 简 介

本书详细介绍了电磁屏蔽织物屏蔽纤维特征、基于 FDTD 的电磁屏蔽织物电磁分析模型、电磁屏蔽织物屏蔽效能的快速计算、结构参数对电磁屏蔽织物屏蔽性能的影响、其他因素对电磁屏蔽织物屏蔽效能的影响、电磁屏蔽织物的性能提升，以及超材料设计在电磁屏蔽织物中的应用。

本书内容全面系统，图片清晰直观，可供纺织、功能材料、功能服装等领域的科研人员阅读，也可供高等院校相关专业师生参考。

图书在版编目（CIP）数据

电磁屏蔽织物模型及性能／刘哲，汪秀琛著. --北京：中国纺织出版社有限公司，2024.4
（新型纺织服装材料与技术丛书）
ISBN 978-7-5229-1534-0

Ⅰ.①电… Ⅱ.①刘… ②汪… Ⅲ.①电磁屏蔽—防护服—织物性能—研究 Ⅳ.①TS941.731

中国国家版本馆 CIP 数据核字（2024）第 061145 号

责任编辑：苗 苗　责任校对：寇晨晨　责任印制：王艳丽

中国纺织出版社有限公司出版发行
地址：北京市朝阳区百子湾东里 A407 号楼　邮政编码：100124
销售电话：010—67004422　传真：010—87155801
http://www.c-textilep.com
中国纺织出版社天猫旗舰店
官方微博 http://weibo.com/2119887771
三河市宏盛印务有限公司印刷　各地新华书店经销
2024 年 4 月第 1 版第 1 次印刷
开本：787×1092　1/16　印张：12.5　插页：2
字数：265 千字　定价：78.00 元

前言
Preface

　　电磁屏蔽织物是一种重要的人工电磁材料，在电磁防护、电磁兼容、隐身技术等领域有着广泛用途，可用来制作电磁屏蔽服装、柔性屏蔽遮罩体、柔性隔离层、复合材料增材及隐身材料等。它具有生产工艺简单、成本低廉、柔软、质轻、强度大、形状变化灵活、可织性好等特点，在电力、航空、航天、环境、通信、国防、特种工业及人体健康保护等领域有着十分广阔的应用前景。尤其是近年来电磁污染对军事、航空、电气、各种工业的干扰及对人类健康的不良影响日益显现，使新型高性能电磁屏蔽织物备受重视，逐渐成为研究热点，得到了政府及民间各界的积极鼓励和支持。

　　电磁屏蔽织物一般分为编织型和涂覆型两大类。前者主要通过向织物中添加一定的电磁屏蔽纤维而达到屏蔽电磁波的目的，其屏蔽作用依靠多束或多根屏蔽纤维通过一定排列方式反射电磁波或吸收电磁波而获得。电磁屏蔽纤维分为短纤维及长丝两种类型，如金属短纤维、金属长丝、多离子纤维、镀银长丝、碳纤维、铁纤维及各种新型改性纤维、新型复合纤维等，其本身的电磁特性配伍及空间排列形态决定了电磁屏蔽织物吸收、反射及透射电磁波的性能，是电磁屏蔽织物设计、制造、评价及相关机理研究的关键因素。后者主要依靠在普通织物表层通过镀层、涂层等方式涂覆一层具有金属特性或者吸波特性的薄膜，从而使织物达到电磁屏蔽作用。这种方式虽然可以获得较好的屏蔽效果，但通常将织物的孔隙遮盖，并且易于脱落，耐久耐磨性差，即牺牲了织物本身固有的服用性能，因此其应用领域受到一定限制。

　　目前我国生产电磁屏蔽织物的厂家众多，涉及各种类型，如机织、针织、钩编、无纺布等，产品需求不断增加，产量连年递增，内销、外销以及特供、军供数额均达到了较大规模。这些企业大多得到了政府的重点扶持，被列为高科技企业，显示了电磁屏蔽织物产业具有的重要地位。国外对电磁屏蔽织物的发展也非常重视，欧美日等国家很多著名纤维企业都将电磁屏蔽织物的基础材料——屏蔽纤维作为重点研发产品，韩国、印度、波兰、土耳其、立陶宛、捷克及南美一些国家和地区也将电磁屏蔽织物产业作为积极扶持产业，其产量也达到了相当规模。由此可见，电磁屏蔽织物具有重要的使用价值和广阔的应用前景。

一方面，虽然电磁屏蔽织物产业蓬勃发展，其用途日益广泛，但到目前为止大多数织物仍然依靠反射电磁波的形式达到屏蔽作用，这种方式不仅会对周围环境带来二次干扰等严重问题，而且透过织物的电磁波极易在屏蔽腔体内因发生多次反射而产生场强干扰等负面作用，大大降低了织物的屏蔽效果。另一方面，应用在军事、航空航天、电气领域、特种工业及人体健康等方面时，更多情况下需要设计具有不同吸收性能、反射性能及透射性能的电磁屏蔽织物，使织物在具有屏蔽作用的同时，能够对电磁波进行吸收、降低反射强度或改变其方向，从而满足不同的功能要求。归纳起来，目前电磁屏蔽织物领域还有以下主要问题需要解决：

（1）描述屏蔽纤维复杂空间排列形态的科学结构模型及物理模型还未建立，使针对复杂空间排列的屏蔽纤维的数值计算及仿真模拟难以开展。

（2）电磁屏蔽纤维配伍及排列形态与电磁屏蔽织物吸收、反射及透射电磁波性能之间的关系还未明确，使后续的相关研究缺乏理论依据。

（3）电磁屏蔽织物结构参数对织物吸波、反射及透射性能的影响规律还未明确，导致新型吸波型电磁屏蔽织物的设计、生产及评测缺乏理论依据。

（4）电磁屏蔽织物屏蔽及吸波等性能的提升仍然存在瓶颈，需要新材料的引入及新方法的应用以获取性能的大幅提升。

本著作根据多年的研究成果，围绕上述所存在急需解决问题的部分细分领域，介绍近期我们在电磁屏蔽织物相关理论及技术方面的研究成果，从而为电磁屏蔽织物的理论研究、实际生产、设计及评价提供一定依据。著作包括如下几个部分：

（1）电磁屏蔽织物屏蔽纤维特征分析及描述：包括电磁屏蔽织物表面屏蔽纤维的分析、电磁屏蔽织物表面屏蔽纤维参数及对屏蔽效能的影响、电磁屏蔽织物中屏蔽纤维三维排列结构的数字化描述、电磁屏蔽织物屏蔽纤维排列结构模型等。

（2）基于 FDTD 的电磁屏蔽织物电磁分析模型：包括基于组织区域的电磁屏蔽织物屏蔽效能 FDTD 计算、基于经纬密度的电磁屏蔽织物屏蔽效能 FDTD 计算、基于经纬组织点的电磁屏蔽织物屏蔽效能 FDTD 数值计算等。

（3）电磁屏蔽织物屏蔽效能的快速计算：基于虚拟金属模型的电磁屏蔽织物屏蔽效能快速计算、基于结构参数的电磁屏蔽织物屏蔽效能估算、含孔洞电磁屏蔽织物屏蔽效能快速计算模型、基于单位面积屏蔽纤维含量的电磁屏蔽织物屏蔽效能评估等。

（4）结构参数对电磁屏蔽织物屏蔽性能的影响：包括紧度对电磁屏蔽织物屏蔽效能的影响、密度对电磁屏蔽织物屏蔽效能的影响、组织类型对电磁屏蔽织物屏蔽效能的影响、线圈对电磁屏蔽针织物屏蔽效能的影响等。

（5）其他因素对电磁屏蔽织物屏蔽效能的影响：包括屏蔽纤维含量与电磁屏蔽织物屏蔽效能的关系、灰度孔隙率对电磁屏蔽织物屏蔽效能的影响、极化方向对含圆孔电磁屏蔽织物屏蔽效能的影响等。

（6）电磁屏蔽织物的性能提升：包括多层金属烯对电磁屏蔽织物电磁性能的提升、铁氧体微粒对电磁屏蔽织物屏蔽及吸波性能的提升、基于聚苯胺整理的不锈钢电磁屏蔽织物吸波性能的提升等。

（7）超材料设计在电磁屏蔽织物中的应用：包括超材料结构的仿真及在电磁屏蔽织物中的验证、基于金属烯的电磁屏蔽织物"混合抵抗场"设计、"开口谐振环"超材料的绣入及对电磁屏蔽织物的影响等。

本著作可为电磁屏蔽织物的设计、生产和评测提供理论依据，丰富非均匀介质复杂电磁材料的屏蔽理论，为电磁屏蔽织物的相关科学研究提供借鉴，对其他领域如复合材料、塑料、橡胶中的电磁屏蔽材料等理论及应用研究也具有一定参考价值。

著者

2023 年 8 月

目录

Contents

第一章

电磁屏蔽织物屏蔽纤维特征分析及描述

电磁屏蔽织物中的屏蔽纤维与织物的屏蔽效能等性能有着重要关系，但其空间排列特征等方面的研究至今还鲜有报道，原因是织物中屏蔽纤维繁多纠缠，空间排列形态极为复杂，至今还难以找到有效方法科学地对其进行描述。随着科技的发展，计算机图像分析技术越来越多地被应用在织物密度、纹理等参数的识别中，纤维的微观排列特征也能通过高精度光学或电子成像系统进行分析和标定，使电磁屏蔽织物中屏蔽纤维的排列形态的识别、分析及描述成为可能。本章就此展开讨论，介绍电磁屏蔽织物表面屏蔽纤维的分析及参数描述、屏蔽纤维的三维排列结构数字化描述及排列模型构建等新方法，既为后续电磁屏蔽织物中屏蔽纤维排列形态的描述提供基础，也为进一步研究电磁屏蔽织物屏蔽机理、电磁性能、屏蔽效能快速计算等问题提供参考。

第一节　电磁屏蔽织物表面屏蔽纤维的分析

目前电磁屏蔽织物所采用的屏蔽纤维主要为具有反射电磁波特性的屏蔽纤维，包括金属纤维、镀银纤维等，其排列结构对电磁波在织物中的反射、吸收及多次反射有重大影响，不同屏蔽纤维排列结构决定了织物具有不同的电磁参数，是决定织物屏蔽性能的本质因素。然而由于纤维分布的复杂性，目前要想建立屏蔽纤维在织物内部的排列结构还十分困难。通过反复研究发现，织物表面与织物内部具有近似结构，屏蔽纤维总含量的多少及排列结构能够在织物表面上得到较为准确的体现。因此可以通过研究电磁屏蔽织物表面屏蔽纤维排列形态与屏蔽效能的关联作为研究电磁屏蔽织物整体屏蔽纤维排列结构与屏蔽效能之间的关系的突破口，从而为进一步研究电磁屏蔽织物的屏蔽机理、屏蔽性能及屏蔽效能快速无损评价、屏蔽效能的数值计算等工作奠定基础。

基于上述分析，本节采用计算机图像分析技术识别电磁屏蔽织物表面的屏蔽纤维区域，并讨论其具体方法及科学性，从而为后续研究织物表面屏蔽纤维的排列形态描述及其与屏蔽效能的关系提供基础。

一、表面屏蔽纤维识别前的准备工作

（一）电磁屏蔽织物表面图像的特征分析

通过对多幅放大的电磁屏蔽织物图像表面进行观察，发现屏蔽纤维区域的灰度在图像中表现为低灰度的狭长特征（如图 1-1 中方框内屏蔽纤维）和高灰度的狭长特征（如图 1-1 中椭圆框内屏蔽纤维）。具体细分为三个方面的特征：

（1）屏蔽纤维区域两个边缘具有明显的对称性灰度突变，如图 1-2（b）所示灰度波中高灰度区域及低灰度区域的波形突变。

（2）屏蔽纤维区域具有明显的狭长形状，宽度符合一般的屏蔽纤维直径范围。

（3）屏蔽纤维区域比正常纤维区域具有明显的低灰度或高灰度，如图1-1、图1-2所示。

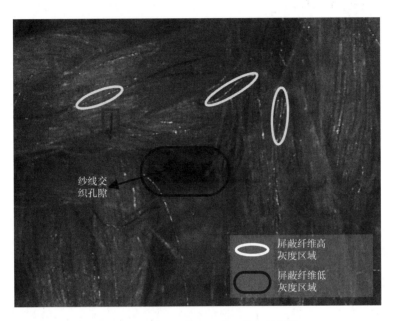

图1-1　电磁屏蔽织物表面的屏蔽纤维

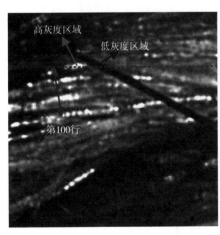

（a）含屏蔽纤维的电磁屏蔽织物图像

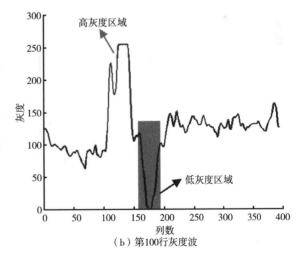

（b）第100行灰度波

图1-2　屏蔽纤维高、低灰度区域的特征

因此，本节根据这三个特征建立三个条件，分别是边缘条件、宽度条件及灰度条件，然后对其进行"与逻辑"运算，结果为1时则可判定该区域为屏蔽纤维区域。下面将对其具体方法进行讨论。

（二）电磁屏蔽织物表面图像的数字化

设织物图像由 $N×M$ 个像素点组成，以图像左下角顶点为原点，图像的水平方向为 x 轴，垂直方向为 y 轴，图像各像素的灰度值为 z 轴建立空间三维坐标系统。其中 x，y 轴取值为自然数，z 轴取值区间为 [0，255]。设图像任意像素点的坐标为 x，y，灰度值用 $g(x，y)$ 表示，则可建立织物图像的灰度矩阵 G_m 如式（1-1）所示：

$$G_m = |g(x，y)|_{N×M} \tag{1-1}$$

为了便于分析，采用线性增强的方式来提高图像的清晰度。然后按照横向、纵向建立图像的灰度波。第 I 行的行灰度波的数学表达如式（1-2）所示：

$$f_I(j) = g(I，j) \quad (1 ≤ j ≤ M) \tag{1-2}$$

第 J 行纵向单灰度波的数学表达如式（1-3）所示：

$$f_J(i) = g(i，J) \quad (1 ≤ i ≤ N) \tag{1-3}$$

其中，i，j 为像素在图像中的位置，$g(i，j)$ 表示第 i 行第 j 列像素的灰度值。

二、屏蔽纤维区域的识别

（一）屏蔽纤维区域的边缘条件

由图 1-1 及图 1-2 可看出，屏蔽纤维区域的一个特征就是左右边缘的灰度值突变，此时边缘处的灰度值必然形成一个局部极值，因此采用求灰度波所有极值的方法可寻找可能的屏蔽纤维区域边缘。

设灰度波中待判断的像素点为 x_i，对应灰度为 $g(x_i)$，与之左右相邻的点为 x_{i-1} 及 x_{i+1}，对应灰度为 $g(x_{i-1})$ 及 $g(x_{i+1})$，函数 sign 为取整函数，$s_{left}(x_i)$、$s_{right}(x_i)$ 分别为点 x_i 处灰度与左、右相邻点灰度的差的符号值，即：

$$s_{left}(x_i) = \text{sign}\left(\frac{g(x_i) - g(x_{i-1})}{x_i - x_{i-1}}\right) \tag{1-4}$$

$$s_{right}(x_i) = \text{sign}\left(\frac{g(x_{i+1}) - g(x_i)}{x_{i+1} - x_i}\right) \tag{1-5}$$

当 $s_{left}(x_i)$ 及 $s_{right}(x_i)$ 满足式（1-6）时：

$$s_{left}(x_i) > 0 \text{ and } s_{right}(x_i) < 0 \tag{1-6}$$

x_i 为局部极大值点。

当 $s_{left}(x_i)$ 及 $s_{right}(x_i)$ 满足式（1-7）时：

$$s_{left}(x_i) < 0 \text{ and } s_{right}(x_i) > 0 \tag{1-7}$$

x_i 为局部极小值点。

满足式（1-6）及式（1-7）的所有极值可构建极值波，即 $e(x)$。$e(x)$ 中所有值是可能的屏蔽纤维区域边缘，还需根据宽度条件和灰度条件判断两个边缘点之间是否为屏蔽纤维区域。

（二）屏蔽纤维区域的宽度条件

纱线交织产生的孔隙两边也会产生梯度明显变化（如图 1-1 中的"纱线交织孔隙"），这会使屏蔽纤维的识别发生误判，因此必须根据屏蔽纤维的实际直径给出区域宽度 W_m（mm）的判断条件。设屏蔽纤维直径为 d_m（mm），图像放大倍数为 M_L，分辨率为 p（pix/inch），屏蔽纤维直径在图像上所占的像素点为 D_m，则得到式（1-8）：

$$D_\mathrm{m} = \frac{d_\mathrm{m} \times p}{25.4} \times M_\mathrm{L} \tag{1-8}$$

考虑到屏蔽纤维在图像中产生的扭曲及成像误差，将 D_m 进行 $\pm 10\%$ 的修正，则区域宽度 W_m 的条件判断式 C_1 为：

$$C_1 = 0.9D'_\mathrm{m} < W_\mathrm{m} < 1.1D''_\mathrm{m} \tag{1-9}$$

式中，D'_m 与 D''_m 分别为屏蔽纤维最小直径及最大直径时的像素点。目前屏蔽纤维的直径 d_m 一般为 $1\sim40\mu\mathrm{m}$。将 $1\mu\mathrm{m}$ 及 $40\mu\mathrm{m}$ 分别代入式（1-8），得式（1-10）：

$$D'_\mathrm{m} = 0.0000393701 \times p \times M_\mathrm{L}, \ D''_\mathrm{m} = 0.0015748031 \times p \times M_\mathrm{L} \tag{1-10}$$

即当区域宽度 W_m 符合屏蔽纤维正常宽度时，才能判断该区域为屏蔽纤维区域。

（三）屏蔽纤维区域的灰度条件

由于图像的复杂性，即便确定了两个边缘的位置，并且之间的距离符合屏蔽纤维的宽度范围，也不一定能确定这个区域就是屏蔽纤维区域，还要进一步判断该区域的灰度值是否符合屏蔽纤维所具有的高灰度或低灰度特征。由于不同电磁屏蔽织物图片的亮度、对比度、色彩会有差异，导致不同图像中的屏蔽纤维高低灰度区具有不同的灰度值，因此本节提出动态阈值方法根据整体图像特征确定屏蔽纤维的灰度范围。

设图像有像素点 $N \times M$ 个，屏蔽纤维的高灰度区阈值为 G_h，低灰度区阈值为 G_1，织物图像灰度级别分为 C 级，第 i 行每个级别的灰度值为 G_i，像素个数为 T_i，则 G_h 满足式（1-11）：

$$N \times M \times \lambda_1 = \sum_{i=G_\mathrm{h}}^{C} G_i T_i \tag{1-11}$$

G_1 满足式（1-12）：

$$N \times M \times \lambda_2 = \sum_{i=1}^{G_1} G_i T_i \tag{1-12}$$

式中，λ_1、λ_2 代表的是高灰度区的像素个数及低灰度区的像素个数在整个图像中所占比例，可根据极值波 $e(x)$ 与其二次极值波 $e'(x)$ 的数量求出。$e'(x)$ 指根据式（1-4）~式（1-7）对 $e(x)$ 求极值所得的二次极值波。设图像第 k 行灰度波 $g_k(x)$ 对应的极值波为 $e_k(x)$，二次极值波为 $e'_k(x)$，$e_k(x)$ 的极大值个数为 $M_\mathrm{max}(k)$，极小值个数为 $M_\mathrm{min}(k)$，$e'_k(x)$ 的极大值个数为 $M'_\mathrm{max}(k)$，极小值个数为 $M'_\mathrm{min}(k)$，则得式（1-13）及式（1-14）：

$$\lambda_1 = \frac{\sum_{i=1}^{N} M'_{\max}(i)}{\sum_{i=1}^{N} M_{\max}(i)} \tag{1-13}$$

$$\lambda_2 = \frac{\sum_{i=1}^{N} M'_{\min}(i)}{\sum_{i=1}^{N} M_{\min}(i)} \tag{1-14}$$

考虑到一定的误差，给出高灰度区±10%的修正范围，低灰度区±10%的修正范围，如式（1-15）及式（1-16）所示：

$$G'_1 = 0.9G_1, \quad G''_1 = 1.1G_1 \tag{1-15}$$

$$G'_h = 0.9G_h, \quad G''_h = 1.1G_h \tag{1-16}$$

（四）表面屏蔽纤维的判断

根据式（1-1）~式（1-16）的分析，设任意灰度波中的任意屏蔽纤维区域左边缘为 x_L，右边缘为 x_R，则有式（1-17）：

$$(x_L, x_R \in e(x)) \& (D'_m < (x_L - x_R) < D'_m) \& \left(\frac{\sum_{i=L}^{R} g(i)}{|R-L|} \in [G'_1, G''_1] \cup [G'_h, G''_h] \right) \tag{1-17}$$

为了既能识别横向排列纤维又能识别纵向排列纤维，需要采用上述方法根据横向灰度波及纵向灰度波各识别一次屏蔽纤维区域，然后求两次识别的交集，这样才能更准确地将所有屏蔽纤维识别。纵向灰度波识别的方法与式（1-1）~式（1-17）类似，此处不再赘述。

三、结果与分析

（一）识别结果

采用 VHX-600 数字式三维测量显微系统获取 15 种不锈钢纤维、涤纶、棉混纺织物的放大图，屏蔽纤维、涤纶及棉的混纺比例为：25%/45%/30% 及 30%/40%/30%，织物组织分别为平纹、斜纹、缎纹组织。图像的分辨率为 600ppi，放大倍数为 500 倍。采用 MATLAB7.0 根据本节算法进行编程，其流程图如图 1-3 所示。

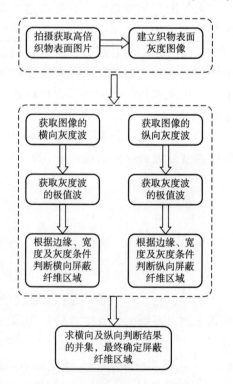

图 1-3　屏蔽纤维识别流程图

图 1-4~图 1-6 是根据图 1-3 所编程序对织物表面屏蔽纤维区域的识别结果，其中黑色为屏蔽纤维区域，白色为非屏蔽纤维区域。

从图 1-4~图 1-6 中可看出，本节算法对任意组织电磁屏蔽织物表面屏蔽纤维的识别效果令人满意。

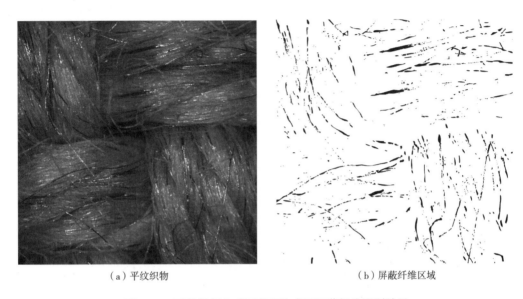

（a）平纹织物　　　　　　　　　　　　　（b）屏蔽纤维区域

图 1-4　平纹组织电磁屏蔽织物表面屏蔽纤维识别结果

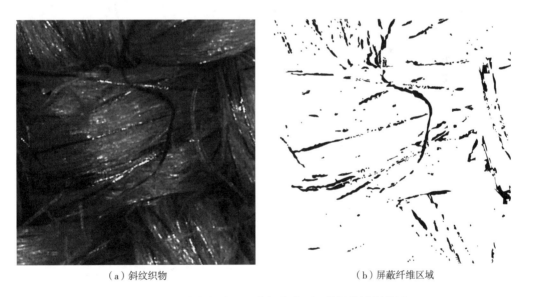

（a）斜纹织物　　　　　　　　　　　　　（b）屏蔽纤维区域

图 1-5　斜纹组织电磁屏蔽织物表面屏蔽纤维识别结果

（二）可变参数对识别结果的影响

在区域宽度 W_m（mm）的条件判断式（1-9）中给出了直径宽度的修正范围为 ±10%，

在设定屏蔽纤维灰度条件的式（1-15）及式（1-16）中给出高灰度区及低灰度区波动范围也为±10%。多次实验证明，由于本节采取了三个条件共同判断屏蔽纤维区域，因此该波动范围较大，可达到±20%。例如，图1-7是图1-5所示样布在直径宽度判断范围分别为±15%及±5%时的屏蔽纤维识别结果，从图1-7中可以看出，波动范围为±15%及±5%时，其识别结果与波动范围为±10%时的识别结果是基本一致的，其规律是修正范围越大，识别结果也稍粗，但总体变化不大。图1-8则是当高灰度区及低灰度区修正范围设定为±15%及±5%时对图1-6所示样布的识别结果，其结果与修正范围为±10%时基本一致，修正范围越大，识别结果也稍粗。

（a）锻纹织物

（b）屏蔽纤维区域

图1-6　缎纹组织电磁屏蔽织物表面屏蔽纤维识别结果

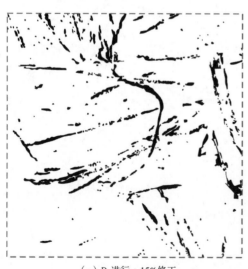
（a）D_m进行±15%修正

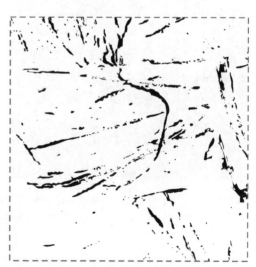
（b）D_m进行±5%修正

图1-7　直径宽度修正范围的影响

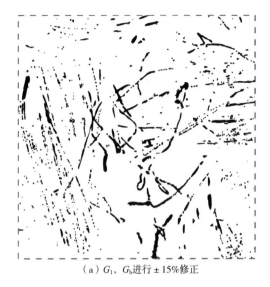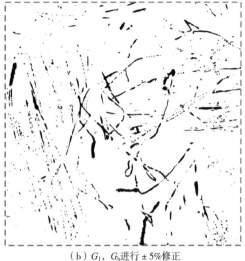

（a）G_1，G_h进行 ± 15%修正　　　　　　　　（b）G_1，G_h进行 ± 5%修正

图 1-8　高低灰度区修正范围的影响

（三）识别的有效性和意义

从图 1-4~图 1-8 可以看出，本节算法对电磁屏蔽织物表面的屏蔽纤维的识别非常有效。由于电磁屏蔽织物表面纤维识别的研究目前还未见报道，因此还难以将本节算法与相同目的的算法进行有效性对比。其他织物纹理识别、疵点识别及组织识别等算法，其思路是对一个区域的整体分析，如纱线区域、纱线之间的孔隙区域、疵点区域等，所涉及的是区域的整体特征，所以其识别是一种整体较为粗略的识别，难以用在电磁屏蔽织物表面屏蔽纤维这样较为精确的识别工作中。因此，本节算法具有良好的创新性和适用性。

本节识别算法为采用标准化方式描述电磁屏蔽织物表面屏蔽纤维排列形态提供了一种途径，可为后续分析织物表面屏蔽纤维排列形态与织物的屏蔽效能的关系奠定基础，进而为研究电磁屏蔽织物的屏蔽机理、电磁性能、屏蔽效能数值计算及快速无损评价等问题提供可靠依据。因此，本节工作具有重要的研究意义。

四、小结

（1）根据灰度波建立的极值波可较好地确定可能的纤维区域边缘；

（2）根据屏蔽纤维直径构建的屏蔽纤维宽度条件可较好地描述表面屏蔽纤维宽度特征；

（3）采用动态阈值法确定的表面屏蔽纤维灰度条件可较好地描述屏蔽纤维的高、低灰度值特征；

（4）根据屏蔽纤维边缘条件、宽度条件及灰度条件对电磁屏蔽织物表面屏蔽纤维进行识别可获得令人满意的结果；

（5）本节识别算法为进一步分析表面屏蔽纤维的排列形态与屏蔽效能的关系奠定

了基础，对研究电磁屏蔽织物的屏蔽机理、电磁性能、屏蔽效能数值计算及快速无损评价等问题具有重要意义。

电磁屏蔽织物表面屏蔽纤维参数及对屏蔽效能的影响

电磁屏蔽织物表面屏蔽纤维的排列形态可以反映其内部的屏蔽纤维排列状况，也是决定织物表面电阻的重要因素，因此必然对织物的屏蔽效能有着关键影响。上节采用计算机图像分析技术及显微镜成像技术对电磁屏蔽织物的表面屏蔽纤维区域进行识别，本节在此基础上继续研究表面屏蔽纤维排列形态的客观描述方法，并通过探讨这些参数对屏蔽效能的影响方式以验证其有效性。

电磁屏蔽织物表面屏蔽纤维排列形态至今很少有人研究，目前还没有一种好的办法能对排列形态进行准确、合理的描述。为了科学合理地描述电磁屏蔽织物表面屏蔽纤维的排列形态，本节在前期对表面屏蔽纤维区域识别的基础上建立屏蔽纤维二值特征矩阵，根据该矩阵给出了描述屏蔽纤维排列形态的覆盖度、离散度、整齐度三个参数，并探索这些参数与电磁屏蔽织物屏蔽效能的关系，从而明确这些参数的有效性。

一、电磁屏蔽织物表面屏蔽纤维描述

（一）表面屏蔽纤维矩阵

在识别出电磁屏蔽织物表面屏蔽纤维区域后，令屏蔽纤维区域的像素点为 0，其他区域的像素点为 255，则电磁屏蔽织物图像被转化成仅由 0 及 255 组成的二值特征矩阵，设该矩阵用 F_m 表示，元素为 $N \times M$ 个，则有式（1-18）：

$$F_m = \begin{vmatrix} 0 & 255 & \cdots & 255 \\ 255 & 0 & \cdots & 0 \\ \cdots & \cdots & \cdots & \cdots \\ 255 & 0 & \cdots & 255 \end{vmatrix}_{N \times M} \tag{1-18}$$

在上述矩阵中，屏蔽纤维区域采用一个灰度值表示，其他区域采用另外一个灰度值表示，这样可以较容易地建立描述表面屏蔽纤维排列特征的参数。根据电磁波理论，电磁屏蔽织物的屏蔽效能与屏蔽纤维的含量、孔隙率、方向一致性等因素有密切关系，因此给出与这些因素相对应的屏蔽纤维覆盖度、离散度、整齐度三个参数描述织物表面屏蔽纤维的排列形态。

（二）表面屏蔽纤维覆盖度

覆盖度是指屏蔽纤维区域面积占总面积的比率，用 cov_m 表示，反映了屏蔽纤维在织物表面的百分比含量。其方法较为简单，只需计算屏蔽纤维区域的像素点个数与总像素点个数的比值即可。若 F_m 中灰度值为 0 的像素点个数为 N_{metal}，则定义式（1-19）：

$$cov_m = \frac{N_{metal}}{N \times M} \tag{1-19}$$

（三）表面屏蔽纤维离散度

离散度表示屏蔽纤维之间距离的平均值，用 dis_m 表示，反映了纤维之间的整体离散程度。可采用横向加纵向扫描法进行。

图 1-9 是电磁屏蔽织物表面二值特征图像中的屏蔽纤维，$Line_i$ 表示任意水平扫描线，通过屏蔽纤维的特征值所在位置很容易计算出该扫描线上所有相邻屏蔽纤维之间的距离，如图中 $d(i, 1)$、$d(i, 2)$、$d(i, 3)$ 及 $d(i, 4)$。同理，$Colume_j$ 表示任意垂直扫描线，通过屏蔽纤维的特征值所在位置很容易计算出该扫描线上所有相邻屏蔽纤维之间的距离，如图中 $d(1, j)$、$d(2, j)$。由式（1-18）可知，水平扫描线数量为 N，垂直扫描线数量为 M，设第 i 行扫描线所计算出的相邻屏蔽纤维距离的数量为 $k(i)$，第 j 行扫描线所得到的相邻屏蔽纤维距离的数量为 $k'(j)$，则得式（1-20）：

$$dis_m = \frac{\sum\limits_{i=1}^{N}\sum\limits_{j=1}^{k(i)} d(i, j) + \sum\limits_{i=1}^{M}\sum\limits_{j=1}^{k'(i)} d(j, i)}{\sum\limits_{i=1}^{N} k(i) + \sum\limits_{j=1}^{M} k'(j)} \tag{1-20}$$

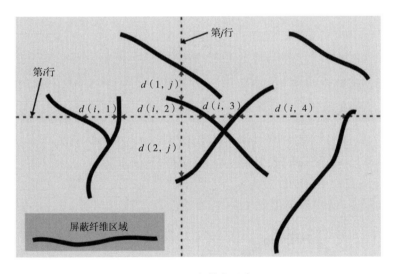

图 1-9　离散度示意

（四）表面屏蔽纤维整齐度

整齐度反映纤维排列的一致性，用 ori_m 表示，代表屏蔽纤维总体排列角度的一致性。本节采用二值特征图像中"纤维分段"角度的方差表示。

"纤维分段"指纤维中的正增长段和负增长段。对于很多屏蔽纤维，整个纤维仅有一个分段，如图 1-10 中 θ（1）、θ（2）夹角所对应的两根纤维。对于有些纤维，则整个纤维可能有多个分段，如 θ（3）、θ（4）所对应的纤维，以及 θ（5）、θ（6）所对应的纤维。

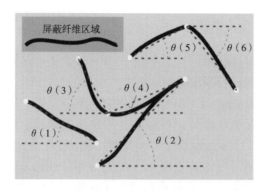

图 1-10　整齐度示意

为了对纤维分段，首先需将纤维进行归一化处理，即原本有多个点宽度的纤维区域抽象成仅有一个像素点宽度的线段。如图 1-11 所示，（a）图为屏蔽纤维区域原图，（b）图为归一图，Line_y 表示屏蔽纤维区域的任意第 y 行，该行在屏蔽纤维区域的像素点为 $P(x_1, y)$，$P(x_2, y)$，…，$P(x_{k-1}, y)$，$P(x_k, y)$，其中 k 为该行屏蔽纤维点的总个数，则归一化的对应点 $P(x, y)$ 由式（1-21）表示：

$$P(x, y) = \frac{\sum_{i=1}^{k} P(x_i, y)}{k} \tag{1-21}$$

设归一后屏蔽纤维曲线上的任意节点为 $P_N(x_n, y_n)$，y_{n-i} 是 y_n 左边依次相邻的点，y_{n+i} 是 y_n 右边依次相邻的点，则其遵循式（1-22）：

$$\sum_{i=1}^{h} \left[\text{sign}(y_n - y_{n-i}) \times \text{sign}(y_n - y_{n+i}) \right] = h \tag{1-22}$$

其中 $\text{sign}(y_n - y_{n-i})$，$i=1, 2, …, h$ 为同号，$\text{sign}(y_n - y_{n+i})$，$i=1, 2, …, h$ 也为同号。式（1-22）中之所以设定 h，是为了扩大判断点的范围，避免出现很短的纤维分段。实验证明，h 的取值可以在 3~10 之间进行调整。

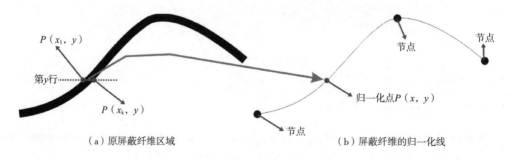

（a）原屏蔽纤维区域　　　　　　　　（b）屏蔽纤维的归一化线

图 1-11　纤维区域归一化处理

设按照上述方法对整个图像进行分析共得到 N_{sec} 个屏蔽纤维分段，其中任意分段 sec_i 的起始节点为 $P_{N\_i}(x_s, y_s)$，结束节点为 $P_{N\_i}(x_e, y_e)$，则任意分段的水平夹角 $\theta(i)$ 如式（1-23）所示：

$$\theta(i) = \mathrm{arctg}\left(\left|\frac{y_e - y_s}{x_e - x_s}\right|\right) \tag{1-23}$$

因此，屏蔽纤维的整齐度如式（1-24）所示：

$$ori_m = \sqrt{\frac{\sum\limits_{i=1}^{N_{sec}}(\theta(i) - \bar{\theta})^2}{N_{sec}}} \tag{1-24}$$

其中：

$$\bar{\theta} = \frac{\sum\limits_{i=1}^{N_{sec}}\theta(i)}{N_{sec}} \tag{1-25}$$

二、验证实验

（一）实验方法

采用 VHX-600 高倍显微镜分别获取斜纹、平纹、缎纹等各 5 块样布的表面高倍图像，根据本节算法采用 MATLAB7.5 编写程序对图像进行识别并获取图像的二值特征矩阵，然后根据式（1-19）~式（1-25）计算各个样布的表面屏蔽纤维的覆盖度、离散度、整齐度。采用 DR-S02 屏蔽效能仪测试所有样布的屏蔽效能，频率范围为 30MHz~1.5GHz。通过实验分析探索样布屏蔽效能与覆盖度、离散度及整齐度的关联，明确这些参数的有效性。

（二）实验材料

选择不锈钢/涤纶/棉混纺纱线采用 SGA598 小样织机进行样布编织。纱线的混纺比例有两种，分别为 25%/45%/30% 及 30%/40%/30%，线密度均为 23.5tex。样布的具体密度及表面屏蔽纤维参数的计算结果见表 1-1。

表 1-1　样布的具体规格及表面屏蔽纤维参数计算结果

编号	织物组织	线密度/tex	单纱屏蔽纤维含量/%	密度/（根/10cm）	覆盖度	离散度	整齐度
1#			25%	140×156	0.03892	239.37447	0.41531
2#			25%	189×136	0.04274	219.76470	0.41583
3#	平纹	23.5	25%	262×102	0.04787	184.38304	0.41653
4#			30%	307×96	0.06359	131.70217	0.42041
5#			30%	208×200	0.07726	130.06815	0.42265

编号	织物组织	线密度/tex	单纱屏蔽纤维含量/%	密度/（根/10cm）	覆盖度	离散度	整齐度
6#	斜纹	23.5	25%	190×114	0.05258	351.15859	0.41566
7#			25%	145×244	0.06124	293.33307	0.41660
8#			25%	250×181	0.06785	286.64650	0.41731
9#			30%	192×171	0.06858	250.35111	0.41887
10#			30%	306×105	0.07765	217.24683	0.42004
11#	缎纹		25%	137×150	0.04326	256.78465	0.41593
12#			30%	188×84	0.04920	216.16436	0.41659
13#			25%	194×190	0.05788	210.05960	0.41793
14#			25%	196×208	0.06090	199.11900	0.41834
15#			30%	320×144	0.08393	63.577752	0.42124

三、分析与讨论

（一）表面屏蔽纤维覆盖度的有效性

图 1-12 是实验样布屏蔽效能与覆盖度之间的关系曲线（由于在 30MHz~1.5GHz 频率范围表面屏蔽纤维各参数与屏蔽效能均保持一致关系，因此图 1-12~图 1-14 均采用频率为 1GHz 时的屏蔽效能作图）。从图 1-12 可以看出，电磁屏蔽织物表面屏蔽纤维覆盖度与屏蔽效能呈正增长关系，虽然增长关系的具体数学表达式还有待研究，但该图足以说明覆盖度是可以描述织物屏蔽效果的一个表面屏蔽纤维排列参数。

从覆盖度定义也能说明该参数的合理性。覆盖度是通过统计电磁屏蔽织物表面图像屏蔽纤维像素点的个数而得到的，它代表了织物表面屏蔽纤维的百分比含量，其值越大，织物表面的单位面积屏蔽纤维含量也越大，从而整个织物的单位面积屏蔽纤维含量也越大，根据电磁学原理，此时整个织物的屏蔽效能也会随之增大。

（二）表面屏蔽纤维离散度的有效性

图 1-13 是实验样布屏蔽效能与离散度之间的关系图。从图中可以看出，离散度与织物的屏蔽效能呈负增长关系。虽然具体负增长量化关系还需进一步研究，但图 1-13 已说明了离散度与电磁屏蔽织物屏蔽效能的关联性，证明该参数表达屏蔽纤维排列特征的有效性。

事实上，根据本节给出的定义，离散度表达的是织物表面屏蔽纤维排列形态中的孔隙大小，其值越大，说明屏蔽纤维之间的距离也越大，此时织物屏蔽纤维之间的孔隙会增大，从而导致更多的电磁泄漏，降低了电磁屏蔽织物的屏蔽效能。因此，从理论角度讲，离散度也是描述电磁屏蔽织物表面屏蔽纤维排列形态的一个合理参数。

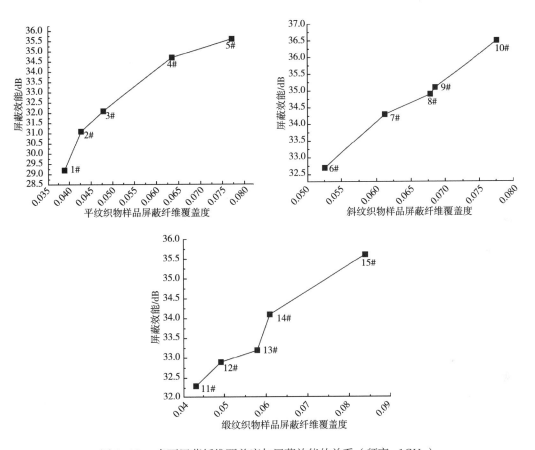

图 1-12　表面屏蔽纤维覆盖度与屏蔽效能的关系（频率=1GHz）

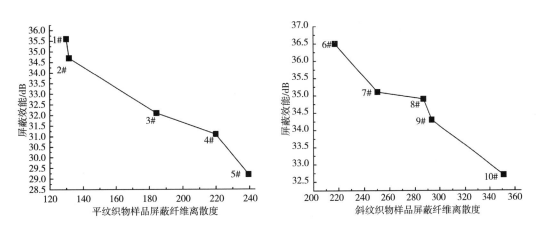

图 1-13

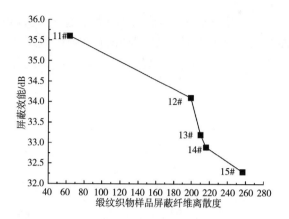

图1-13　表面屏蔽纤维离散度与屏蔽效能的关系（频率=1GHz）

（三）表面屏蔽纤维整齐度的有效性

图1-14是实验样布屏蔽效能与整齐度之间的关系图。从图中可以看出，整齐度与屏蔽效能也有密切关联，一般情况下，该参数与电磁屏蔽织物的屏蔽效能呈现正增长关系。这一现象从理论上也可以解释，根据整齐度的定义，其反映的是表面屏蔽纤维方向一致性的方差。该参数越大，说明屏蔽纤维方向的一致性越差，更易发生较多的交缠，从而使屏蔽纤维之间的连通更加紧密。此时电磁屏蔽织物的导电性能必然会增大，导致电磁屏蔽织物的屏蔽效能也相应增加。因此，无论从实验角度还是从理论角度都可以证明，整齐度参数对描述电磁屏蔽织物的屏蔽纤维的排列形态是科学合理及有效的。

（四）表面屏蔽纤维参数的后续研究工作

本节是电磁屏蔽织物的一个新研究领域，其目的是根据织物表面屏蔽纤维排列形态探索电磁屏蔽织物的整体屏蔽效果，为电磁屏蔽织物的理论及应用研究提供一种快速、简便的方法。从上节中分析可以得出，初步提出的电磁屏蔽织物表面屏蔽纤维参数可较好地反映织物表面屏蔽纤维的排列形态，并且与电磁屏蔽织物屏蔽效能之间具有紧密的关联，具有科学性、合理性及有效性的。今后在这一新领域还需做以下几个方面的工作：

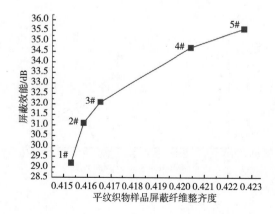

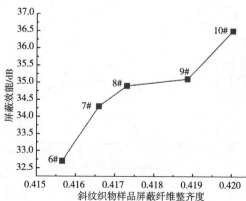

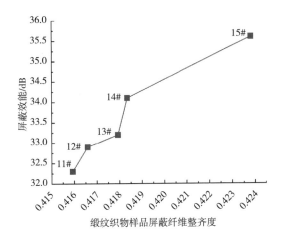

图 1-14　表面屏蔽纤维整齐度与屏蔽效能的关系（频率＝1GHz）

（1）新的表面屏蔽纤维参数的提出。本节仅提出了三个表面屏蔽纤维排列形态的参数，并且这些参数是针对电磁屏蔽织物的基础组织而言。事实上，扩展到变化复杂的广泛组织，这些参数的表达式还有完善空间。另外，其他反映屏蔽纤维排列特征的参数，例如，反映纤维具体交缠点的多少、反映其分布均匀程度、反映其孔隙率分布状态等较为复杂的参数还应继续研究。

（2）参数与屏蔽效能之间的关联及量化模型的建立。本节仅初步给出了三个参数与织物屏蔽效能的关系，当结构参数变化时，例如，纱支变化、含量变化、屏蔽纤维变化、组织类型变化等，参数与织物屏蔽效能的关系还需进一步探讨。并且这些参数与织物屏蔽效能的量化模型还需建立，这将是一项具有挑战性的工作。

（3）表面屏蔽纤维参数对织物屏蔽效能的综合作用。很明显，虽然三个参数单独都与屏蔽效能具有一定的关系，但并不意味着单独通过一个参数就能评价其电磁屏蔽效能的值，而是应综合考虑三个参数的共同作用结果。例如，图 1-12 中 5#和 10#织物的覆盖度很接近，均为 0.77 左右，但由于其离散度（表 1-1）不同，所以其屏蔽效能也是不同的。这也为我们指出了一个研究方向，就是织物不同的结构参数可能会导致相同的覆盖度，但也可能会导致不同的离散度和整齐度，这些参数之间到底是如何综合作用于织物屏蔽效能的，都是需要进一步研究的内容。

总之，本节是一个新的、有价值的研究工作，还有很多问题需要探讨，相信后续会有学者不断完善它。

四、本节研究的意义

本节可能成为电磁屏蔽织物理论及应用方面的一个新研究领域，其意义和价值如下：

（1）对电磁屏蔽织物屏蔽、吸波机理研究的意义。目前电磁屏蔽织物的屏蔽机理还没有明确，原因就是屏蔽纤维的排列形态无法科学标准化地描述，本研究将为描述屏蔽纤维排列形态提供一条新的思路，为屏蔽及吸波机理研究奠定基础。

（2）对电磁屏蔽织物传输模型研究的意义。无论是根据有限元法、传输线法、矩量法还是FDTD法，都需要知道电磁屏蔽织物的电磁参数，而电磁参数与屏蔽纤维排列形态有直接关系，因此本节研究将为电磁参数、传输模型构建奠定基础。

（3）对电磁屏蔽织物屏蔽吸波规律研究的意义。屏蔽纤维的排列形态决定了屏蔽和吸波规律，对透射系数、反射系数、反射角度有着重要影响，因此研究表面屏蔽纤维排列参数将为分析屏蔽吸波规律提供重要依据。

（4）对快速无损评估屏蔽效能及电磁计算方面的研究的意义。由于织物的成本及用途限制，很多情况下不能对织物进行制样和直接测试，需要对其进行图像检测并据此评估织物的屏蔽效能。本研究将有助于揭示纤维排列参数与屏蔽效能的关联并建立相关电磁计算方法，为无损评估电磁屏蔽织物奠定基础。

五、小结

（1）表面屏蔽纤维覆盖度 cov_m 可较好地描述电磁屏蔽织物表面屏蔽纤维的百分比含量，并且与织物的屏蔽效能呈正增长关系。

（2）表面屏蔽纤维离散度 dis_m 可较好地描述电磁屏蔽织物表面屏蔽纤维的孔隙率，并且与织物的屏蔽效能呈负增长关系。

（3）表面屏蔽纤维整齐度 ori_m 可较好地描述电磁屏蔽织物表面屏蔽纤维的取向度，并且与织物的屏蔽效能呈正增长关系。

（4）表面屏蔽纤维覆盖度、离散度及整齐度表征电磁屏蔽织物表面的屏蔽纤维排形态的有效性令人满意，具有重要的研究意义和价值，为电磁屏蔽织物的理论及应用研究奠定基础。

第三节　电磁屏蔽织物中屏蔽纤维三维排列结构的数字化描述

根据前两节所述，目前金属纤维等屏蔽纤维在电磁屏蔽织物中的三维排列结构及特征描述还鲜有涉及。本节在前文基础上对此继续展开研究，探讨针对屏蔽纤维进行数字化描述的方法，以便能对屏蔽纤维的每个特征点进行精确确定及提取，从而为后续的分析和研究提供依据。本节通过三维显微技术获取并标定屏蔽纤维在织物中的排列位置，然后分析纤维排列特征并提出量化特征参数，在此基础上建立数字化描述模型，并采用CATIA重现电磁屏蔽织物的描述模型图像，最后对该模型的有效性进行了验证。

一、数字化描述模型构建

（一）屏蔽纤维的排列特征分析

如图 1-15 所示，屏蔽纤维在混纺型电磁屏蔽织物中的横向及纵向排列在微观上呈现不规则排列，难以进行数字化表达。但由于多根纤维的排列，造成屏蔽纤维在整体上呈现一定规律特性，因此可以考虑根据多根复杂的屏蔽纤维建立标准特征参数以描述织物，并根据这些参数重建一种可以用数字化表示的描述理想模型。这个理想模型既可以反映原织物的特征，又能最大程度地保持原织物的基本形状，同时可以采用严格的数字化表示。这样在后续研究电磁屏蔽织物的电磁特性时均可以将此模型作为数据依据和基础。

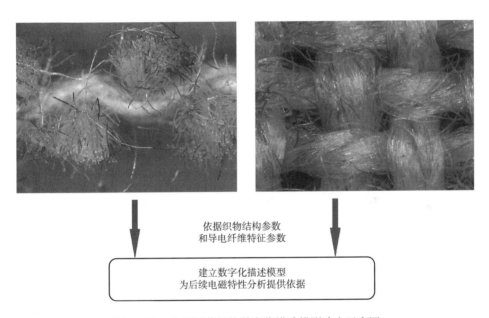

图 1-15　电磁屏蔽织物数字化描述模型建立示意图

（二）三维排列特征参数的提出

从图 1-15 中可看出，屏蔽纤维在纱线及织物截面的微观排列杂乱无章，但宏观上却有规律可循。本节构建能描述原织物屏蔽特性的三个参数，并且以这些参数为基础重建织物的屏蔽纤维排列形态，从而建立电磁屏蔽织物的数字化描述模型。

1. 等效捻度 T_E

单根屏蔽纤维散乱地分布在纱线中，难以描述其捻回情况。但多根屏蔽纤维受纱线捻度的影响遵循一定规律地排列，为此提出等效捻度 T_e（捻/米）描述屏蔽纤维的捻度特征，其值不同会影响到电磁屏蔽织物的屏蔽效果。计算公式如式（1-26）所示：

$$T_E = \frac{N_A}{L} \times C \times 10 \tag{1-26}$$

式中，N_A 为纱线的实际测量捻回数，采用退捻法，测量 10 次求平均值得到，（捻/米）；C 为纱线的屏蔽纤维质量百分比含量，%。

2. 横截面含量 S_C

质量百分比含量 C 不足以显示屏蔽纤维的排列，故引入横截面含量 S_C（根数/mm^2）表征屏蔽纤维在纱线横截面的排列情况。其定义为屏蔽纤维根数占单根纱线截面积的比值，依据椭圆模型和纤维根数测量数据，具体如式（1-27）所示：

$$S_C = \frac{S_F}{S_Y} = \frac{n\pi\left(\frac{d_f}{2}\right)^2}{\pi\left(\frac{d_y}{2}\right)^2} = n\left(\frac{d_f}{d_y}\right)^2 \tag{1-27}$$

式中，n 为屏蔽纤维在纱线横截面的根数，可通过显微标定技术获得；S_Y 为单根纱线的横截面积，（mm^2）；d_f 及 d_y 分别是屏蔽纤维的直径和纱线的直径，（mm），前者可根据屏蔽纤维参数获得，后者可根据纱线特数获得，其计算公式如式（1-28）所示：

$$d_y = \frac{0.01189}{\sqrt{\delta}} \tag{1-28}$$

式中，δ 指纱线的体积密度，（g/cm^3），其值根据不同的纱线材料和结构有不同的结果，可通过实验测得。

3. 单纤维平均夹角（$\bar{\alpha}$）

屏蔽纤维在纱线中与纱线轴向的夹角代表了屏蔽纤维的方向，也决定了电磁屏蔽织物的屏蔽效能，本书将每根单纤维的夹角的平均值记作 $\bar{\alpha}$，其计算公式如式（1-29）所示：

$$\bar{\alpha} = \frac{\sum_{i=1}^{N_f} \arccos\dfrac{L_f(i)}{L_p(i)}}{N_f} \tag{1-29}$$

式中，L_f 是任意屏蔽纤维的截取长度，（mm）；L_p 是其在纱线中轴线上的投影长度，（mm）；N_f 是其纱线单位体积内屏蔽纤维的根数。$\bar{\alpha}$ 越大屏蔽纤维与纱线轴向方向平行程度越低，即屏蔽纤维的取向度越大。

（三）屏蔽纤维数字化描述模型

根据上述特征参数建立电磁屏蔽织物的数字化模型，如图 1-16 所示。设数字化模型中横截面的纤维的总根数为 N_d，则屏蔽纤维的根数 N_c 的计算方法如式（1-30）所示：

$$N_c = S_C \times N_d \tag{1-30}$$

非屏蔽纤维的根数 N_g 根据式（1-31）计算：

$$N_g = (1 - S_C) \times N_d \tag{1-31}$$

在第 i 根等效屏蔽纤维的任意点位置为 P_i（x_i，y_i，z_i），则其坐标由式（1-32）及式（1-33）计算：

$$y_i = \left\{ \left[x_i - \mathrm{int}\left(\frac{x_i}{10}\right) \right] \tan\bar{\alpha} + \frac{d_y}{N_c} \times i \right\} \times \sin\left(\frac{x_i}{10} T_E \times 2\pi\right) \tag{1-32}$$

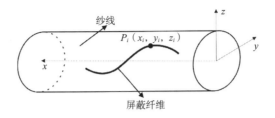

图 1-16 屏蔽纤维数字化描述模型

$$z_i = \left\{ \left[x_i - \mathrm{int}\left(\frac{x_i}{10}\right) \right] \tan\bar{\alpha} + \frac{d_y}{N_c}i \right\} \times \cos\left(\frac{x_i}{10}T_E \times 2\pi\right) \tag{1-33}$$

在模型中，除式（1-32）及式（1-33）所确定的屏蔽纤维区域外，其余即为普通纤维区域。其表示方法与屏蔽纤维的近似，此处不再赘述。

二、实验及验证

（一）实验材料与仪器

实验采用不锈钢纤维、银纤维两种电磁屏蔽织物，其中混纺纱的纱支数均相同。具体参数见表1-2，三种样布如图1-17所示。

表1-2 实验用织物

试样序号	成分	纱线结构
A	50%银纤维，50%涤纶	混纺纱线（短纤维纱线）
B	混纺（30%金属纤维，30%棉，40%涤纶）	金属长丝纤维纱
C	混纺（30%金属纤维，30%棉，40%涤纶）	混纺（30%金属纤维，30%棉，40%涤纶）

A   B   C

图 1-17 实验用电磁屏蔽织物

观察仪器为 VHX-600 数字式三维测量显微系统和 Keyence VK-X110 形状测量激光显微镜，采用 MATLAB7.5、Origin7.0 进行图像三维标定和数据分析，采用 CATIA V6 根据本节模型进行仿真模拟。采用 DR-S02 屏蔽效能测试仪测试织物的屏蔽效能。

（二）实验方法

用火棉胶处理待分析的织物及其内部纱线，制作水平及表面切片，切片大小为 5cm× 5cm。通过 VHX-600E 数字式三维测量观测系统，获取纤维在切片中不同截面的三维排列结构图像，通过 MATLAB7.5 对屏蔽纤维特征点进行三维标定。图 1-18 是织物中屏蔽纤维的三维标定方法示意图，图 1-19 是纱线中电磁屏蔽织物的三维标定示意图。其中左上图为高倍显微镜拍摄图片，右上图为采用 MATLAB7.5 进行处理并自动标定的图片，下图为分析屏蔽纤维时提取的灰度变化图。进一步采用图像灰度分析技术，将各个切片的灰度波进行融合，从而建立图像的三维空间屏蔽纤维排列图。以屏蔽纤维的灰度根据式（1-26）~式（1-29）计算等效捻度 T_E、横截面含量 S_C 及单纤维平均夹角（$\bar{\alpha}$），根据式（1-30）~式（1-33）建立具体的特征描述模型。

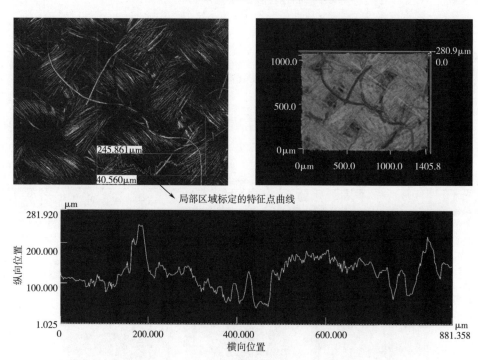

图 1-18　电磁屏蔽织物中屏蔽纤维特征点的三维标定

三、结果与分析

（一）数字化描述模型的重现

根据式（1-26）~式（1-33）对图 1-17 样布进行三维标定、提取特征参数及建立描述模型，采用 CATIA V6 对模型进行图像重现，结果如图 1-20~图 1-22 所示。从图中可以看出，描述模型中的屏蔽纤维与普通纤维形成新的形态分布，其捻度、含量及横截面夹角等特征通过原织物的屏蔽纤维进行提取，因此与原织物的特征具有等效性。其组织、纱支、密度等参数则保持与原织物一致，因此保留了原织物的基本特征。即描述模型是原织物一定程度的抽象，这也是本节最大的创新点，其目的是为后续的相关电磁分析提供等效科学的数据依据。

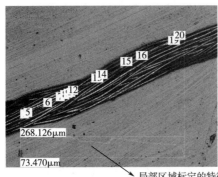
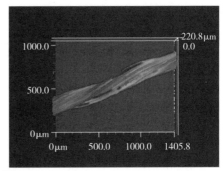

局部区域标定的特征点曲线

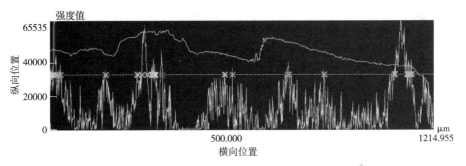

图1-19　纱线中屏蔽纤维特征点的三维标定

图1-20　织物A的数字化描述模型重现

图1-21　织物B的数字化描述模型重现

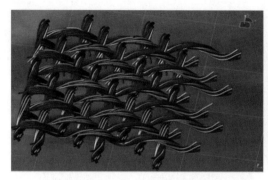

图 1-22　织物 C 的数字化描述模型重现

（二）模型的可靠性

从图 1-20~图 1-22 可以看出，屏蔽纤维很清楚地显现在图像中，形成了较为标准的结构描述，这为电磁参数的计算带来了方便。本节提出描述模型的目的是便于对屏蔽纤维进行数字化表示，凝练复杂屏蔽纤维的最重要特征参数，并保持其原来的结构参数。实验证明这种方式将是简单和有效的，其意义在于用一种较为标准、科学化的方式评价电磁屏蔽织物，从而为后续的计算及分析奠定基础。图 1-23 是根据本节描述模型对织物 A、B、C 进行 FDTD 数值计算求得的屏蔽效能和实际测量的屏蔽效能的对比图。从图中可以看出，根据本节模型进行 FDTD 数值计算的结果与实际测试结果非常接近，证明本节所提取的描述模型可以科学表达电磁屏蔽织物屏蔽纤维的排列特征。

四、本节的重要意义

（1）采用三维标定及图像处理技术分析电磁屏蔽织物中屏蔽纤维的排列特征，为研究屏蔽纤维复杂空间排列特征提供了一条新的路径。

（2）根据屏蔽纤维标定结果建立特征参数并进一步构建数字化描述模型，为描述屏蔽纤维的复杂排列结构及其电磁属性提供了新的解决方法。

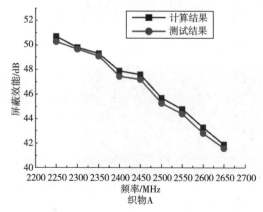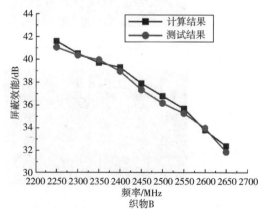

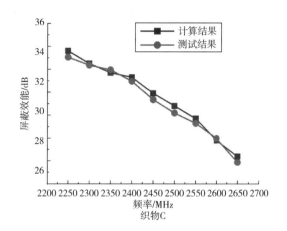

图1-23　采用本节模型进行FDTD数值计算所得屏蔽效能与实际测试结果的对比

（3）数字化描述模型高度抽象了屏蔽纤维的主要排列特征，并且组织结构、密度、纱支等基本参数和原织物保持一致，为描述屏蔽纤维三维排列特征提供了有效方法。

（4）数字化描述模型将复杂屏蔽纤维进行标准化凝练，便于计算和分析，同时在电磁特性方面和原织物等效，为后续的电磁计算、机理分析、数值模拟及屏蔽效能规律分析等提供了有力依据。

五、小结

（1）采用显微识别、三维标定及图像处理技术，可较好地对屏蔽纤维的三维排列结构特征进行分析。

（2）提出的等效捻度 T_E、横截面含量 S_C 及单纤维平均夹角（$\bar{\alpha}$）等定量特征参数可较好地反映纤维某一方面的微观排列特征。

（3）根据所提出的排列特征参数建立的屏蔽纤维数字化描述模型可较好地描述屏蔽纤维在织物中的三维排列结构，利用CATIA对其进行的图像重现可进一步直观地展示屏蔽纤维在织物中的微观排列结构。

（4）本节为描述电磁屏蔽织物中屏蔽纤维的排列结构提供了一种新的方法，可较好地为电磁屏蔽织物的数值计算、屏蔽机理、传输特性、电磁性能及产品设计、织造工艺等的研究奠定基础。

第四节　电磁屏蔽织物屏蔽纤维排列结构模型

正如前文所述，屏蔽纤维排列结构是织物屏蔽性能的关键决定因素，但到目前为止编织型电磁屏蔽织物的结构与其屏蔽性能之间的关系还没有明确，原因之一是缺乏对织物中屏蔽纤维排列结构的有效描述。针对上述情况，本节采用计算机图像分析技术对混纺型电磁屏蔽织物进行结构分析，根据电磁屏蔽理论及图像阈值分割方法，构建适合分析织物屏蔽作用的屏蔽纤维排列结构模型，并提取表征屏蔽纤维排列状态的参数，为后续分析电磁屏蔽织物的屏蔽机理及性能提供参考。

一、理论分析

研究电磁屏蔽织物中屏蔽纤维的排列结构，是由电磁屏蔽理论决定的。理想金属屏蔽体的屏蔽作用主要通过反射、多次反射及吸收完成，其中大部分依靠反射进行，其屏蔽效能 SE 由式（1-34）决定：

$$SE = R + A + B(\text{dB}) \tag{1-34}$$

式中，R 为反射损耗；A 为吸收损耗；B 为多次反射损耗。若将电磁屏蔽织物看作一个屏蔽体，当平面波垂直入射织物表面时，式（1-34）可表示为式（1-35）：

$$SE = 168.16 - 10\lg\frac{\mu_r f}{\sigma_r} + 1.31t\sqrt{f\mu_r\sigma_r}\,(\text{dB}) \tag{1-35}$$

式中，t 为织物的厚度（cm）；μ_r 为相对磁导率；σ_r 为相对电导率；f 为频率（Hz）。

式（1-35）显示，当频率不变时，电磁屏蔽织物的屏蔽效能与自身相对磁导率、相对电导率及厚度相关。根据电磁屏蔽理论，这三个参数本质上由织物单位面积屏蔽纤维排列结构决定。因此，研究电磁屏蔽织物所含屏蔽纤维的排列结构具有重要意义，可为后续分析织物的电磁屏蔽特性提供依据。本节采用计算图像分析技术对此进行研究，通过建立特征矩阵识别织物结构参数，以建立屏蔽纤维的排列模型。

二、电磁屏蔽织物结构识别

（一）纹理阈值分割

为了建立屏蔽纤维排列模型，本节提出一种基于纹理特征簇的阈值分割算法。其方法步骤为：①建立图像数字化矩阵。②确定阈值分割纹理。③特征簇归一化处理。④特征矩阵建立。⑤屏蔽纤维排列模型建立。

设织物图像由 $N \times M$ 个像素点组成，以图像左下角顶点 o 为原点，图像的水平方向为 x 轴，垂直方向为 y 轴，图像各像素的灰度值为 z 轴建立空间三维坐标系统。其中 x，y 轴取值为自然数，z 轴取值区间为 [0，255]。设图像任意像素点的坐标为 x，y，灰度值用 $g(x, y)$ 表示，则可依此建立织物图像的灰度矩阵 G_M，由式（1-36）表示：

$$G_M = |g(x, y)|_{N \times M} \tag{1-36}$$

如何选择阈值是关键。根据图像学知识，织物纹理由灰度最小值区域和最大值区域交替变化形成。求出图像的灰度最大值及最小值的平均值，即可得到能将织物灰度波峰及波谷分割的阈值。但由于织物图像中存在零星的异常高灰度点及低灰度点，若将这些异常点当作灰度最小值或最大值计算阈值会使结果不合理，因此还需考虑像素点个数的多少。本节根据各灰度级像素点的数量，采用加权法求灰度平均值以确定阈值。设织物图像灰度级别分为 n 级，每个级别的灰度值为 g_n，像素数量为 P_n，所要确定的阈值为 G_t，则阈值 G_t 可由式（1-37）计算：

$$G_t = \sum_{i=1}^{n} \left(g_i \frac{P_i}{N \times M} \right) \tag{1-37}$$

（二）描述屏蔽纤维基本排列的特征矩阵

采用阈值对织物图像进行分割后，形成了多个表示织物组织特征的特征簇，需将其做归一化处理。如图1-24所示，设分析区域大小为 $\Delta x \times \Delta y$，其中有任意像素点 p_1，p_2，$\cdots$，p_c，其对应的灰度值为 g_1，g_2，$\cdots$，g_c，若有如式（1-38）所示关系：

$$\{ g_1, g_2, \cdots, g_c \} > G_a \tag{1-38}$$

则 p_1，p_2，$\cdots$，p_c 为候选特征簇的点集合。将满足式（1-37）条件又彼此相邻的像素点进行分类，设分类结果为 k 簇，任意簇 x 内有像素点 $m(x)$ 个，则对每个特征簇可采用公式（1-39）进行归一化处理：

$$F(x) = \sum_{i=1}^{m(x)} g(x, i) \tag{1-39}$$

其中 $F(x)$ 为第 x 簇的归一化值，$g(x, i)$ 表示第 x 簇中的任意点 i。可采用式（1-40）求得特征簇的均值 G_a：

$$G_a = \sum_{i=1}^{k} F(i) \tag{1-40}$$

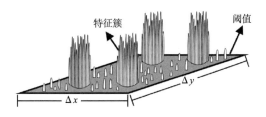

图1-24　纹理分割及特征簇示意

特征簇归一化后，可采用特征矩阵 F_M 描述电磁屏蔽织物中屏蔽纤维的基本排列结构。该矩阵的元素值仅包含两个值：G_a 及 G_t，可表示为式（1-41）：

$$F_M = \begin{vmatrix} G_a & G_t & \cdots & G_a \\ G_t & G_a & \cdots & G_t \\ \cdots & \cdots & \cdots & \cdots \\ G_a & G_t & \cdots & G_a \end{vmatrix}_{N_f \times M_f} \tag{1-41}$$

式中，$N_f \times M_f$ 表示特征矩阵的行数与列数。

三、屏蔽纤维排列模型的构建

式（1-41）通过计算机图像分析技术仅给出了描述屏蔽纤维基本排列的特征矩阵。

要想建立屏蔽纤维排列模型，必须进一步通过该矩阵提取与屏蔽纤维相关的参数。根据电磁屏蔽理论，影响织物电磁参数的因素包括单位面积屏蔽纤维含量及厚度，因此通过式（1-41）特征矩阵给出这两个参数的提取方法。

设单位面积金属含量为 T_m（g/m^2），则其计算式如式（1-42）所示：

$$T_m = \frac{(D_w + D_v) \times Tt \times P}{100} \qquad (1-42)$$

式中，D_w、D_v 分别为计算机所识别的织物的纬密和经密，根/10cm；Tt 为织物纱线线密度 tex；P 为纱线中屏蔽纤维的含量，%。

对于纹理宽度与纹理间距一致的简单组织，如基础平纹、斜纹及缎纹等组织，设屏蔽纤维特征模型 F_M 的第 i 行的特征簇数量为 C_i，第 j 列的特征簇数量为 C_j，L_H、L_V 为图像水平及垂直方向的尺寸（cm），则 D_w、D_v 可由式（1-43）及式（1-44）计算：

$$D_w = \frac{C_i}{L_H} \times 10 \qquad (1-43)$$

$$D_v = \frac{C_j}{L_V} \times 10 \qquad (1-44)$$

对于复杂组织，F_M 中的特征簇可能代表多个组织点。由于电磁屏蔽织物基本为基础组织，此处不再对复杂组织情况赘述。

等效厚度 t_e（cm），指根据式（1-42）推算的织物屏蔽纤维按照金属正常体积密度换算的等效厚度，该参数对电磁波的趋肤效应的大小有着重要影响，若 ρ 代表屏蔽纤维的体积密度，则可采用式（1-45）计算等效厚度 t_e：

$$t_e = \frac{T_m}{\rho} \qquad (1-45)$$

根据式（1-41）、式（1-42）及式（1-45）可以确定屏蔽纤维排列模型，其基本结构如式（1-41）所示，与模型相关的参数由式（1-42）及式（1-45）决定。该模型可看作是由纯屏蔽纤维连续构成、具有与原织物相同纹理结构但厚度不同的等效介质模型。

四、结果与分析

（一）实验方法

选择金属含量为 15% 的 60tex 棉/不锈钢混纺纱，采用小型织机织造不同密度的斜纹、平纹及缎纹组织电磁屏蔽织物，制作成 25cm×20cm 的矩形样布共 15 种。用佳能 LiDE210 扫描仪获取上述样布的图像。采用 MATLAB7.0 根据本节算法编写程序，输出样品的灰度图、屏蔽纤维排列模型图，并计算各样布的单位面积金属含量。取固定面积的各类型织物样布，充分燃烧后用水反复清洗过滤掉棉灰烬并烘干，剩余物即为屏蔽纤维。根据屏蔽纤维质量及织物面积可得人工测定的单位面积金属含量。

（二）实验结果

通过上述实验，分别得到采用计算机分析所得及采用燃烧法测试所得的单位面积

金属含量 T'_m 及 T''_m。设其误差为 δ，则可根据式（1-46）计算 δ：

$$\delta = \frac{|T'_m - T''_m|}{T''_m} \times 100\% \tag{1-46}$$

实验显示计算机计算所得与人工测试所得的单位面积金属含量的误差率均小于3%，为节省篇幅，表1-3仅列出了其中3种代表性样布的实验结果。其中不锈钢纤维的体积密度 ρ 取 $7.93 \times 10^3 \, \text{kg/m}^3$。

表1-3　单位面积屏蔽纤维含量计算结果与实测结果对比及等效厚度

织物组织	实测经密/ （根/10cm）	实测纬密/ （根/10cm）	T'_m/ （g/m²）	T''_m/ （g/m²）	t_e/10^{-6}m	δ/%
斜纹1	210	182	35.53	36.07	4.45	1.5
平纹1	220	189	36.51	36.11	4.64	1.1
缎纹1	198	165	32.66	33.55	4.12	2.7

图1-25给出了斜纹1的局部图，图1-26是根据本节算法用MATLAB7.0显示的图1-25的屏蔽纤维排列结构。从图1-26中可清楚地看出样布的屏蔽纤维纹理结构及厚度。

图1-25　斜纹1的局部

图1-26　图1-25的屏蔽纤维排列结构图

（三）屏蔽纤维排列结构与织物结构的对比

由式（1-37）~式（1-41）可以看出，屏蔽纤维排列结构来源于织物结构，由织物的纹理形态及密度参数决定。由式（1-42）~式（1-45）可知，屏蔽纤维排列模型的厚度则由屏蔽纤维的含量及结构参数共同决定。因此，屏蔽纤维排列结构模型是采用计算机图像识别技术建立的与原织物纹理保持一致但厚度不一致的等效电磁介质。相当于从织物中将所有屏蔽纤维"提取"，然后用这些金属按照该织物结构重新建立一个纯屏蔽纤维等效屏蔽体，该等效金属屏蔽体除了厚度外其余结构参数均与原织物相同。这样的模型为后续分析织物的电磁参数及屏蔽效能等特性提供了有效依据。

（四）模型的有效性分析

在纱线特数及屏蔽纤维含量已知的情况下，采用本节屏蔽纤维排列模型可较为准确地分析出斜纹、平纹及缎纹电磁屏蔽织物的单位面积金属含量，并能将金属的宏观排列结构进行显示。同时给出了等效厚度，为分析织物的磁导率及电导率提供了依据。可见，采用本节所提出的由阈值G_t、G_a及等效厚度t_e构成的屏蔽纤维排列模型能有效、精简、标准化地对屏蔽纤维排列结构进行描述，为研究电磁屏蔽织物的屏蔽性能奠定了基础。

当然，采用该模型分析织物虽然结果与实际基本相符，但通过理想化模型分析所得的织物屏蔽性能还需通过电磁实验进行实际修正。另外复杂组织的电磁屏蔽织物虽然较少，但也需进一步明确本节模型对其的有效性。

五、小结

（1）所提出由阈值G_t、G_a及等效厚度t_e构成的屏蔽纤维排列模型可较好地表达电磁屏蔽织物屏蔽纤维排列结构。

（2）基于阈值分割的织物纹理提取新算法可针对平纹、斜纹及缎纹进行识别，并建立屏蔽纤维排列特征矩阵。

（3）所给出的织物单位面积金属含量及等效厚度计算公式可较准确地对电磁屏蔽织物进行标准化描述。

第二章

基于FDTD的电磁屏蔽织物电磁分析模型

电磁屏蔽织物的精确的电磁分析模型目前还鲜有报道，导致电磁屏蔽织物的机理、规律、性能等相关问题的研究缺乏科学依据。本章引入时域有限差分法（FDTD）构建电磁屏蔽织物的分析模型，为电磁屏蔽织物的研究提供了新的途径。FDTD 的思路是将电磁材料分割成合适的 YEE 氏网格，对每个网格建立麦克斯韦旋度方程，通过求解这些方程组获得电场和磁场的分布，从而计算材料的屏蔽效能、反射系数等参数。经过多年发展，FDTD 旋度方程、边界条件设置及方程求解已经可由专用的电磁计算或仿真软件完成，但 YEE 氏网格的离散分割则依赖电磁屏蔽材料的特征，不同的电磁材料具有不同的划分方法，因此如何建立电磁屏蔽织物的结构模型并确定正确的 YEE 氏网格划分方法是应用 FDTD 的关键。本章介绍了基于组织区域、基于经纬密度及基于经纬组织点的三种 FDTD 电磁分析模型，其核心区别是网格划分方法的不同，适用的样布也有所差异，经验证，这三种模型针对适用的织物组织均能达到满意的电磁数值计算结果。

第一节	基于组织区域的电磁屏蔽织物屏蔽效能 FDTD 计算

本节采用 FDTD 研究电磁屏蔽织物的屏蔽效能计算问题。首先根据纱线直径及组织结构将织物分割成重叠区、单纱区、孔隙区，以建立适合 FDTD 屏蔽效能数值计算的织物结构模型。然后引入划分因子对结构模型进行 YEE 氏网格离散划分，并根据传输/反射法确定各个网格区域的电磁参数，进而通过设定边界条件和激励源参数建立织物的物理模型，并采用 EastFDTD 对该物理模型进行数值计算以获得屏蔽效能。

一、电磁屏蔽织物的物理网格离散

（一）织物物理模型构建分析

如图 2-1 所示，电磁屏蔽织物是一种复杂的周期性结构材料，无论何种组织，纱线相互交织通常均形成单纱区、重叠区及孔隙区。由于经纬密度的不同，单纱区又可分为横向单纱区和纵向单纱区。从微观角度来看这些区域的形状及内部屏蔽纤维排列具有不规则特征，不同磁导率及电导率的屏蔽纤维相互呈现立体交错结构，导致各个区域具有不同的物理电磁特性，电磁波在其内部的透射、反射及吸收特性会非常复杂，难以分析。从整体上看，同类型区域总能保持近似的成分和性质，并且规则性地有序出现。因此可以将每个类型区域看成是具有相同介电常数、磁导率及电导率的物理介质，其具体尺寸由织物的宏观参数决定，在电磁屏蔽织物中循环出现的位置由织物组织类型确定，从而建立适合 FDTD 分析的电磁屏蔽织物结构模型及物理模型。

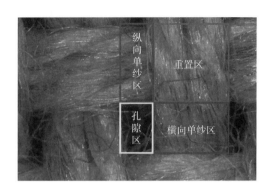

图 2-1　电磁屏蔽织物的组织区域类型

（二）结构模型的建立

根据上述分析，给出了基于区域的电磁屏蔽织物结构模型，如图 2-2 所示。该模型以织物的重叠区为中心，四周包括横向单纱区、纵向单纱区及孔隙区。每种类型区域被看作尺寸规则的理想均匀介质，具有相同的电磁参数，其尺寸由经纬密度决定。设重叠区、横向单纱区、纵向单纱区及孔隙区在 x，y，z 方向的尺寸分别为 $C_x \times C_y \times T_z$，$S1_x \times S1_y \times T_z$，$S2_x \times S2_y \times T_z$，$H_x \times H_y \times T_z$，单位均为 mm，则各个区域的尺寸关系如式（2-1）所示：

$$C_x = S1_x, \ C_y = S2_y, \ H_x = S2_x, \ H_y = S1_y \tag{2-1}$$

设织物的经纬及纬密为 D_v（根/10cm）及 D_w（根/10cm），经纱及纬纱特数分别为 V_{tex} 及 W_{tex}，则经纬纱线的直径 d_v（mm）及 d_w（mm）可由式（2-2）计算：

$$d_v = C_v \sqrt{N_{tex\_v}}, \ d_w = C_w \sqrt{N_{tex\_w}} \tag{2-2}$$

式中，C_v、C_w 为经纱和纬纱的系数；N_{tex_v}、N_{tex_w} 为经纱和纬纱的纱线特数，tex。由此可根据式（2-3）及式（2-4）求出各个区域的大小为：

$$C_x = S1_x = d_v, \ C_y = S2_y = d_w \tag{2-3}$$

$$H_x = S2_x = \frac{\dfrac{10}{D_v} - C_x}{2}, \ H_y = S1_y = \frac{\dfrac{10}{D_w} - C_y}{2} \tag{2-4}$$

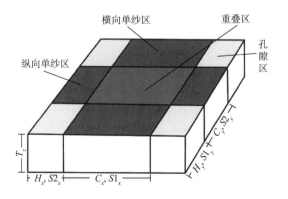

图 2-2　组织区域的示意图

根据上述模型参数，电磁屏蔽织物的整体结构模型可由式（2-5）表示：

$$F(x, y, z) = \sum_{i=1}^{D_w} \sum_{j=1}^{D_v} \delta(x - jC_x - 2jH_x, \ y - iC_y - 2iH_y, \ T_z) \tag{2-5}$$

式（2-5）表示了结构模型的区域划分结构，并给出了结构模型中任意点（x，y，z）的计算方法，为进一步进行 YEE 氏网格划分提供了基础。

（三）物理网格的划分

为建立差分方程，首先要在空间将连续变量离散化。Yee 在 1966 年提出了一种用于迭代麦克斯韦方程的电场和磁场的空间排布方式[7]，将连续介质划分成若干个 Yee 氏网格，网格中每一个电场或磁场分量都由 4 个磁场或电场分量环绕，网格内电场和磁场在时间上交替抽样，抽样时间间隔相差半个时间步长，且在空间位置上相差半个网格，从而在时间上对麦克斯韦离散后构成的显式差分方程进行迭代求解，再由所要解决的电磁场问题的初始值及吸收边界条件，利用 FDTD 差分方程便可逐步求得各个时刻的电磁场分布。设 Δx、Δy 和 Δz 分别为 x、y、z 三个坐标轴的空间步长，Δt 为时间步长，令 $f(x, y, z, t)$ 代表 E 或 H 在直角坐标系中的某一分量，则在时间和空间域中的离散可用式（2-6）表示：

$$f(x, y, z, t) = f(i\Delta x, j\Delta y, k\Delta z, n\Delta t) = f^n(i, j, k) \tag{2-6}$$

根据式（2-6）所示原理，将式（2-5）所示电磁屏蔽织物结构模型进行划分，形成可以建立旋度麦克斯韦方程的 YEE 氏网格。本节引入划分因子 φ，将组织区域网格在三维空间范围划分成均匀正方形网格。设 ε 为网格的划分精度，则 φ 满足式（2-7）：

$$\left(\left| \text{int}\left(\frac{C_x}{\varphi}\right) - \frac{C_x}{\varphi} \right| \leqslant \varepsilon \right) \& \left(\left| \text{int}\left(\frac{C_y}{\varphi}\right) - \frac{C_y}{\varphi} \right| \leqslant \varepsilon \right)$$

$$\& \left(\left| \text{int}\left(\frac{H_x}{\varphi}\right) - \frac{H_x}{\varphi} \right| \leqslant \varepsilon \right) \& \left(\left| \text{int}\left(\frac{H_y}{\varphi}\right) - \frac{H_y}{\varphi} \right| \leqslant \varepsilon \right) \tag{2-7}$$

$$\& \left(\left| \text{int}\left(\frac{T_z}{\varphi}\right) - \frac{T_z}{\varphi} \right| \leqslant \varepsilon \right) = 1$$

ε 一般取值为 $\dfrac{1}{10^n}$，n 值越大，则表明精度越高。

（四）约束条件

在进行时域有限差分计算时，电磁屏蔽织物场分布的计算稳定性和收敛性是必须要考虑的约束条件。考虑时谐场情形的麦克斯韦方程组，通过微分求解、差分近似代替，可得数值增长因子 q，如式（2-8）所示：

$$q = \frac{f^{n+1/2}}{f^n} = \exp\left(\frac{1}{2} j\omega \Delta t \right) \tag{2-8}$$

上式表明数值稳定性约束条件要求时间步长 $n \rightarrow \infty$，Δt 足够小时，增长因子 $|q| \leqslant 1$，即满足式（2-9）：

$$\Delta t \leqslant \frac{T}{\pi} \tag{2-9}$$

根据色散机制，减小时间和空间的步长可以降低数值色散的影响，但时间和空间的步长的降低同时将会导致计算时间和存储空间的增大，因此计算中为抑制数值色散，通常使空间步长约束条件满足式（2-10）：

$$\Delta x \leqslant \frac{\lambda}{12} \tag{2-10}$$

其中 λ 为介质中的波长，根据服装局部区域研究中的频率范围，可应用式（2-10）计算运算中空间步长的最小值。

二、实验与验证

（一）样布准备

为了验证本节所建模型，选择了多块不同种类及规格的样布，表 2-1 列出了其中具有代表性的 3 块样布规格。

采用密度镜（Y511B）对织物进行密度测试，根据纱线特数按式（2-2）计算经纬纱的直径，从而根据式（2-5）建立结构模型。根据式（2-6）求得结构模型三个维度的划分因子 φ 对结构模型进行 YEE 氏网格划分。

表2-1　样布规格

样布序号	屏蔽纤维含量/%	纱线线密度/tex	组织	密度/（根/10cm）	厚度/cm
样布 1	50%银纤维/50%棉	32	平纹	115×82	0.26
样布 2			斜纹	98×86	0.25
样布 3			平纹	80×72	0.24

（二）电磁参数的确定

通过矢量网络分析仪采用"传输/反射法"对区域试样进行测试，根据 S 序列参数可计算各个区域的电磁参数。该方法具有易操作、精度高、频带宽的特点，是目前获取织物电磁参数较为准确的方法。只有获得区域的电磁参数，才能进行正确的 FDTD 数值模拟，以获取正确的场强，从而根据织物存在及不存在时的场强计算某点的屏蔽效能，并通过归一化处理获取整个织物的屏蔽效能。

在已有的"传输/反射法"中，由 Nicolson、Ross 和 Weir 等人提出的 NRW 方法最为常用。其特点是求解过程不必迭代，对同轴系统与波导系统均适用，且改进方法很多，因而在测量不同损耗、磁性和非磁性材料电磁参数等方面得到广泛应用。

本节组织区域的电磁参数正是通过"同轴传输/反射法"测出，测试首先采用火棉胶将连续排列的单纱区域及覆盖区域的样品进行硬化，然后根据要求将其制作成 0.75cm×1cm 的样品，通过矢量网络分析仪、同轴空气线及夹具进行测试，根据 S 序列参数计算各个区域的电磁参数。孔隙部分则按真空电磁参数对待，测试所得电磁参数见表 2-2。

表 2-2　不同纱支组织区域的电磁参数

| 参数 | 频率/MHz | 50%银纤维 | 50%银纤维 |
| | | 覆盖区域 | 单纱区域 |
		32tex	32tex
相对电导率 $\sigma_{r(10)}^{-3}$	2250	2.589	0.303
	2300	2.139	0.247
	2350	1.545	0.181
	2400	0.791	0.087
	2450	0.592	0.064
	2500	0.276	0.029
	2550	0.211	0.022
	2600	0.121	0.013
	2650	0.059	0.006
相对磁导率 μ_r	所有频率	1	1

（三）其余参数确定

1. 边界条件的设置

因为电磁屏蔽织物的周期性阵列结构，导致它附近的场幅度的分布具有同样的周期性。但相位上由于馈电相位线性分布或平面波的斜入射而具有有规律的相位差，在时域则表现为有规律的延时，形成一种准周期性条件。因此可截取电磁屏蔽织物结构模型一个网格单元，以覆盖区的中心点为整个周期单元的中心，在 x 轴、y 轴方向设置周期吸收边界，在 z 轴方向设置 PML 吸收边界。

2. 激励源的设置

激励源有多种类型，采用 Gaussian 脉冲激励一次计算就可得到织物的宽频带特性，相应的计算时间可以缩短。并且由于织物中传输的是宽带时域信号，其中的场分布没有解析表达式，入射场必须用差分格式迭代得到。因此本节选择高斯脉冲波为激励源，频率范围为 2250MHz~2650MHz，这样与实际情况相符，可得到有效的模拟结果。其波形如图 2-3 所示，其中 τ 为常数，决定了高斯脉冲的宽度。

3. 屏蔽效能的获得

采用 EastFDTD 软件根据计算模型对电磁屏蔽织物电磁场强进行数值计算，采用 MATLAB、Origin 数据处理工具对 FDTD 计算结果进行分析。织物的屏蔽效能可用中心点的分贝值

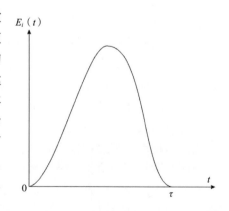

图 2-3　高斯脉冲时域波形

电磁屏蔽织物模型及性能

表示，如式（2-11）所示：

$$SE = 20\lg\frac{E_0}{E_1} \qquad (2-11)$$

式中，E_0 为无屏蔽织物时的电场强度强度（V/m）；E_1 为有屏蔽织物时电场强度（V/m）。

（四）样布屏蔽效能的测试

测试织物样品尺寸为 65mm×110mm，通过西安工程大学研制的波导系统来测试织物的屏蔽效能 SE。参照的标准是中国出入境检验检疫行业标准 SN/T 2161—2008《纺织品防微波性能测试方法——波导管法》。该方法相比法兰同轴法而言，可更为客观地评价屏蔽效能变化情况，而且具有较高的准确性。信号发射距离及信号接收距离能较好地模拟实际环境中电磁波的发射和接收状态，使测试结果最为接近织物现实应用时的结果。另外该设备测试结果对织物的孔缝较为敏感，这是其他方法例如法兰同轴法无法比拟的，因此非常适合对电磁屏蔽织物屏蔽效能进行测试。该测试装置由于波导管的个数较少、形状要求特殊，因此其测试频率范围较小。测试频率为 2200MHz ~ 2650MHz，测试试样大小则为 110mm×65mm。测试系统如图 2-4 所示。

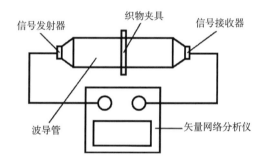

图 2-4　波导管测试系统

在实际测试中，织物的屏蔽效能（SE，dB）通过式（2-11）来计算。其中，E_0（V/m）是没有屏蔽的频率点的电场强度，E_1（V/m）是有屏蔽的频率点的电场强度。

三、结果与分析

（一）数值计算与屏蔽效能结果比较

图 2-5~图 2-7 分别给出了采用本节模型对样布 1#、2#、3#进行数值计算所得到的屏蔽效能与实测屏蔽效能结果的对比图。从图中可看出本节数值计算结果与实测值吻合度较好，证明本节模型达到了理想效果。同时也可看出，所有样布的测试结果普遍比数值模拟结果小，我们认为这是因为实际测试时会产生一定程度的电磁波微小泄漏。

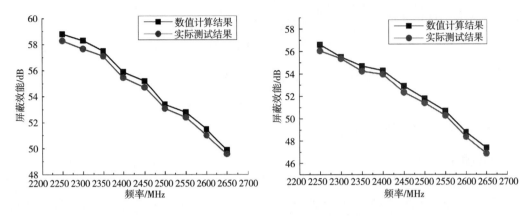

图 2-5　样布 1#的数值计算与实验测试结果对比　图 2-6　样布 2#的数值计算与实验测试结果对比

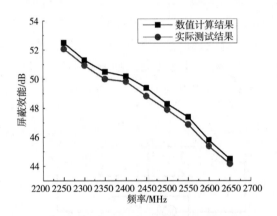

图 2-7　样布 3#的数值计算与实验测试结果对比

（二）孔隙内屏蔽纤维的影响

在对电磁屏蔽织物进行数值计算的时候，孔隙区域是按照真空电磁参数对待的。事实上由于织物的柔软性和紧密性，屏蔽纤维往往存在于织物的孔隙中，使之不是一个纯粹的真空介质。为了解决这个问题，引入修正系数 κ 增加纱线的直径，在一定程度缩小孔隙的大小，以达到避免因孔隙中含有屏蔽纤维而导致屏蔽效能提高的情况。此时纱线直径由式（2-12）计算：

$$d_{\mathrm{v}} = \kappa C_{\mathrm{v}} \sqrt{N_{\mathrm{tex\_v}}}, \quad d_{\mathrm{w}} = \kappa C_{\mathrm{w}} \sqrt{N_{\mathrm{tex\_w}}} \qquad (2\text{-}12)$$

修正系数 κ 与纱线质量、屏蔽纤维含量、屏蔽纤维种类及组织结构等诸多因素有关，通过实验，对于本节所示样布 1 取 1.03，样布 2 及样布 3 取 1.05。图 2-8 是样布 1 取修正系数为 1.03 时的数值计算结果对比。

（三）分析

根据多个对比结果，发现将织物分割成具有不同相对磁导率 μ_{r} 及相对电导率 σ_{r} 的组织区域能较好地表达织物的物理模型，采用 FDTD 对其进行数值计算可以

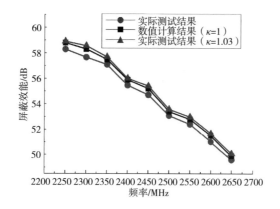

图 2-8 纱线直径修正系数 κ =1.03 时样布 1 的数值计算结果

获得较满意的结果。我们认为，采用 FDTD 对织物进行场强模拟以获取屏蔽效能 SE 的结果要比实测结果更为准确，这是因为实测屏蔽效能时误差较大，主要产生在几个方面：①织物的厚度因夹具压力不同而变化，导致电磁波在其中的传输系数及透射系数发生变化，从而影响屏蔽效能结果。②织物的柔软性导致在每次夹持试样时其内部的屏蔽纤维都会产生空间位置移动及本身三维形态变化，导致织物的相对磁导率 μ_r 及相对电导率 σ_r 发生变化，从而影响屏蔽效能的结果。③测试装置本身的原因，例如，电磁波的泄漏、夹具表面阻抗、发射源变化等，都会影响到屏蔽效能的结果。对于 FDTD，在吸收边界、激励源、约束条件及求解方面较为科学严谨，可以保证每次计算的准确性。相比而言，组织区域电磁参数的确定对数值计算的结果则至关重要，其精确性有时也会受到测试方法的影响。但是这一点会减少到最低程度，因为采用"同轴传输/反射法"时，织物样品相对固定，不会因为外力等因素产生经常性变化，这样使测试结果可以较好地反映织物样本的实际电磁参数。

四、小结

（1）根据组织特征将织物分割成重叠区、横向单纱区、纵向单纱区及孔隙区可以较好描述织物特征，为 FDTD 物理模型的构建奠定了基础。

（2）划分因子 φ 的确定可以将结构模型离散成合适的 YEE 氏网格，为 FDTD 的后续计算提供保障。

（3）采用"同轴传输/反射法"测定各个组织区域的电磁参数，并将之应用在 FDTD 的计算中，结果较为准确。

（4）孔隙部分的屏蔽纤维对组织区域的电磁参数有影响，直径修正系数 κ 可充分考虑这个因素对模型进行修正，使 FDTD 计算结果更加准确。

（5）所建立的物理模型适合电磁屏蔽织物屏蔽效能的数值计算，结果令人满意，具有明显的价值和研究意义。

本节进一步提出了基于等效结构模型的电磁屏蔽织物 FDTD 数值计算方法。首先根据织物结构参数建立电磁屏蔽织物的结构模型，然后给出基于划分因子的 Yee 氏网格划分方法并给出边界条件及激励源等参数以建立物理模型，进而采用 EastFDTD 对上述模型进行数值计算。通过与实际测试结果对比，得出该方法也可以较好对电磁屏蔽织物屏蔽效能进行数值计算的结论。

一、电磁屏蔽织物的 FDTD 数值计算模型

（一）电磁屏蔽织物结构模型

如图 2-9 所示，电磁屏蔽织物是一种复杂的周期网格结构材料，由于纱线的柔软性，其孔隙具有细小稠密且不规则的特点，且每个组织循环所含材料并不均匀，导致目前尚无合适的结构模型对其进行描述。

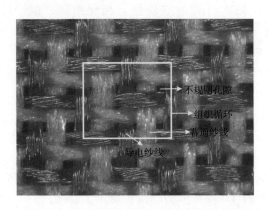

不规则孔隙

组织循环

普通纱线

导电纱线

图 2-9　电磁屏蔽织物的组织结构

为了采用 FDTD 对电磁屏蔽织物的屏蔽效能进行数值计算，本节建立了一种简化等效模型，如图 2-10 所示，将电磁屏蔽织物的复杂结构等效成一个规则网格周期结构，屏蔽纤维纱则等效为一根圆柱状金属丝。该模型由织物的经密 D_v（根/10cm）、纬密 D_w（根/10cm）、纱支直径 d（mm）决定。其中纱支直径 d 可用式（2-13）进行计算：

$$d = C\sqrt{Tt} \tag{2-13}$$

式中，C 为纱线系数，Tt 为纱线线密度（tex）。

图 2-10 模型中，T_x（mm）、T_y（mm）、T_z（mm）可根据屏蔽织物的经纬密计算得出，具体如式（2-14）所示：

$$T_x = \frac{10}{D_v} - d, \ T_y = \frac{10}{D_w} - d, \ T_z = d$$

$$(2-14)$$

根据此结构模型所确定的网格分布 F（x，y，z）可用式（2-15）表示：

$$F(x, y, z) = \sum_{i=1}^{D_w} \sum_{j=1}^{D_v} \delta(x - jT_x - jd, y - iT_y - id, d)$$

$$(2-15)$$

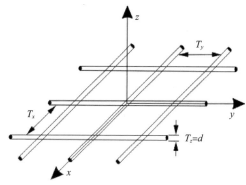

图 2-10　电磁屏蔽织物的结构模型

（二）　Yee 氏网格划分

为了确保划分后的网格符合原织物的结构，本节提出划分因子 η_x，η_y，η_z 对式（2-15）所示结构模型进行分割。划分因子满足式（2-16）：

$$\begin{cases} \left(\left| \text{int}\left(\frac{T_x}{\eta_x}\right) - \frac{T_x}{\eta_x} \right| \leqslant \varepsilon \right) \& \left(\left| \text{int}\left(\frac{d}{\eta_x}\right) - \frac{d}{\eta_x} \right| \leqslant \varepsilon \right) = 1 \\ \left(\left| \text{int}\left(\frac{T_y}{\eta_y}\right) - \frac{T_x}{\eta_y} \right| \leqslant \varepsilon \right) \& \left(\left| \text{int}\left(\frac{d}{\eta_y}\right) - \frac{d}{\eta_y} \right| \leqslant \varepsilon \right) = 1 \\ \left(\left| \text{int}\left(\frac{T_z}{\eta_z}\right) - \frac{T_z}{\eta_z} \right| \leqslant \varepsilon \right) \& \left(\left| \text{int}\left(\frac{d}{\eta_z}\right) - \frac{d}{\eta_z} \right| \leqslant \varepsilon \right) = 1 \end{cases}$$

$$(2-16)$$

式中，ε 为网格的划分精度，其值为 $\frac{1}{10^n}$，n 值越大，则表明精度越高。根据式（2-16）所求出的划分因子可将电磁屏蔽织物结构模型沿三个坐标轴分成很多网格，设 Δx、Δy 和 Δz 分别为 x、y、z 三个坐标轴的空间步长，t 为时间，Δt 为时间步长，令 f（x，y，z，t）代表 E 或 H 在直角坐标系中的某一分量，在时间和空间域中的离散可用式（2-17）表示：

$$f(x, y, z, t) = f(i\Delta x, j\Delta y, k\Delta z, n\Delta t) = f^n(i, j, k)$$

$$(2-17)$$

对 f（x，y，z，t）关于时间和空间的一阶偏导取中心差分近似，即满足式（2-18）：

$$\frac{\partial f(x, y, z, t)}{\partial x} \bigg|_{x=i\Delta x} \approx \frac{f^n(i + 1/2, j, k) - f^n(i - 1/2, j, k)}{\Delta x}$$

$$\frac{\partial f(x, y, z, t)}{\partial y} \bigg|_{y=j\Delta y} \approx \frac{f^n(i, j + 1/2, k) - f^n(i, j - 1/2, k)}{\Delta y}$$

$$\frac{\partial f(x, y, z, t)}{\partial z} \bigg|_{z=k\Delta z} \approx \frac{f^n(i, j, k + 1/2) - f^n(i, j, k - 1/2)}{\Delta z}$$

$$\frac{\partial f(x, y, z, t)}{\partial t} \bigg|_{t=n\Delta t} \approx \frac{f^{n+1/2}(i, j, k) - f^{n-1/2}(i, j, k)}{\Delta t}$$

$$(2-18)$$

式中，i，j，k 为 Yee 元胞的空间位置。

（三）边界条件设置

在 xoy 平面上截取电磁屏蔽织物结构模型的一个网格单元，纱线圆柱体的交叉点位于周期单元的中心，周期单元沿 x 轴、y 轴的长度与 x 方向、y 方向的周期相同，在 x 轴、y 轴方向设置周期吸收边界，在 z 轴方向设置 PML 吸收边界。在 PML 介质层中，将磁场分量 Hz 分裂成 Hzx、Hzy 两个子分量，空间的 Maxwell 旋度方程转化为式（2-19）：

$$\left.\begin{array}{l} \varepsilon_0 \dfrac{\partial E_x}{\partial t} + \sigma_y E_x = \dfrac{\partial(H_{zx} + H_{zy})}{\partial y} \\[3mm] \varepsilon_0 \dfrac{\partial E_y}{\partial t} + \sigma_x E_y = -\dfrac{\partial(H_{zx} + H_{zy})}{\partial x} \\[3mm] \mu_0 \dfrac{\partial H_{zx}}{\partial t} + \sigma_{mx} H_{zx} = -\dfrac{\partial E_y}{\partial x} \\[3mm] \mu_0 \dfrac{\partial H_{zy}}{\partial t} + \sigma_{my} H_{zy} = \dfrac{\partial E_x}{\partial y} \end{array}\right\} \tag{2-19}$$

式中，σ_x、σ_{mx}、σ_y、σ_{my} 为介质的电导率和磁导率，满足以上场分量分裂方程的介质称为 PML 介质。当式（2-19）中 $\sigma_x = \sigma_y = \sigma$，$\sigma_{mx} = \sigma_{my} = \sigma_m$ 时，则 PML 介质退化成普通有耗介质。

（四）激励源设置

激励源选择高斯脉冲波源，频率范围设定为 2250MHz～2650MHz（与实验仪器频率范围对应），其函数的时域形式可表示为：

$$E_i(t) = \exp\left[-\frac{(t - t_0)^2}{\tau^2}\right] \tag{2-20}$$

其中，$\tau = \dfrac{1}{2f_{max}}$，$\tau = 188.7\text{ps}$，$t_0 = 4.5\tau$。

（五）电磁参数设定

将织物结构模型中的区域分为三个部分，单纱部分、重叠部分及孔隙部分，进行数值计算时均假定其为均匀介质。其电磁参数可由矢量网络分析仪采用"同轴传输/反射法"测出，该方法是 IEEE Std 1128—1998 标准推荐的方法，对纱线具有较好的准确性。当进行网格划分因子确定时，可根据式（2-16）确定合适的划分因子保证每个网格的电磁参数与上述三种区域相同，以便根据准确电磁参数进行数值计算。

由于麦克斯韦方程在介质参数突变处失效，因此需要在两介质界面处计算其等效的介质参数。本节根据两个相邻网格的电磁参数的实际值获取该网格的等效电磁参数，即：

$$\left\{\begin{array}{l} \varepsilon_{界面} = \dfrac{\varepsilon_1 + \varepsilon_2}{2} \\[3mm] \mu_{界面} = \dfrac{\mu_1 + \mu_2}{2} \end{array}\right. \tag{2-21}$$

式中，ε_1、ε_2 和 μ_1、μ_2 分别是相邻界面的相对电导率和相对磁导率。

二、实验验证

（一）样布准备

为了验证本节所建模型，选择了不同种类及规格的样布，表2-3列出了其中具有代表性的6块样布规格。

表2-3　样布规格

样布序号	屏蔽纤维含量	纱线线密度/tex	组织	密度/（根/10cm）	厚度/mm
样布1	50%银纤维	32	平纹	90×80	0.26
样布2	50%银纤维	32	平纹	60×70	0.24
样布3	30%不锈钢纤维	56	斜纹	312×286	0.35
样布4	30%不锈钢纤维	56	斜纹	261×138	0.32
样布5	25%不锈钢纤维	38	平纹	302×159	0.35
样布6	25%不锈钢纤维	38	平纹	251×106	0.31

（二）样布屏蔽效能的数值计算

采用密度镜（Y511B）对织物进行密度测试，根据纱线特数按式（2-12）计算其直径 d，并根据式（2-14）计算 T_x、T_y 及 T_z，从而根据式（2-16）建立结构模型。根据式（2-16）求得结构模型三个维度的划分因子 η_x、η_y、η_z，并根据式（2-17）及式（2-18）对其进行网格划分，进一步根据式（2-20）确定边界条件，并由式（2-22）及式（2-23）计算PML介质层的传导率：

$$\sigma(\rho) = \sigma_{\max}\left(\frac{\rho}{\delta}\right)^{n_{\mathrm{pml}}} \tag{2-22}$$

$$\sigma_{\max} = \frac{(n_{\mathrm{pml}} + 1)\varepsilon_0 c\ln R(0)}{2\Delta sN} \tag{2-23}$$

式中，ρ 为计算区域和PML界面到场分量的位置的距离；δ 为PML网格的厚度；N 为PML网格数目；Δs 为PML网格的尺寸；R（0）为垂直入射时的反射系数，通常取非常小的值，本节中取 10^{-8}。

采用"同轴传输/反射法"对织物的单纱部分、重叠部分的电磁参数进行测试，获得频率2200~2650MHz范围内各个纱线不同区域的相对电导率 σ_r 和相对磁导率 μ_r。采用 EastFDTD 软件根据以上模型及公式对电磁屏蔽织物周围场电磁强度进行数值计算，借助 MATLAB、Origin 数据处理工具对 FDTD 计算结果进行分析。织物的屏蔽效能获取参照本章公式（2-11）。

（三）样布屏蔽效能的测试

样布测试采用第一节中的测试方法，参见图 2-4。

三、结果与分析

（一）数值计算与屏蔽效能结果比较

图 2-11~图 2-13 分别给出了样布 1#~6#数值计算所得到的屏蔽效能与实测屏蔽效能之间的对比图，其中网格划分因子为 0.1d。从图中可看出本节数值计算结果与实测结果吻合度较好，同时也可知，所有样布的测试结果普遍比数值模拟结果小，我们认为这是因为实际测试时会产生一定程度的电磁波微小泄漏。

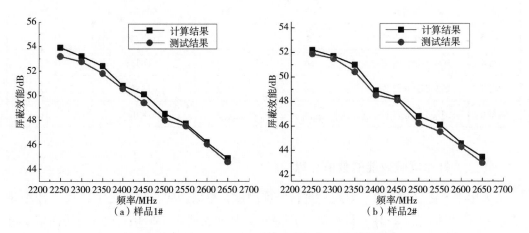

图 2-11　样布 1#、2#的数值计算与实验测试结果对比

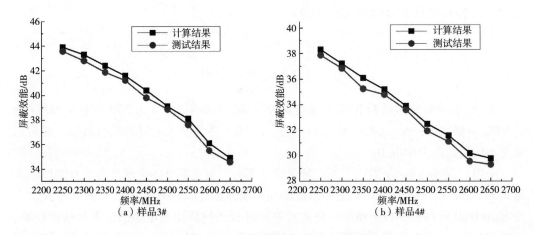

图 2-12　样布 3#、4#的数值计算与实验测试结果对比

电磁屏蔽织物模型及性能

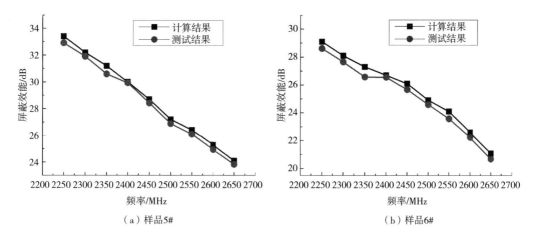

（a）样品5#   （b）样品6#

图 2-13　样布 5#、6#的数值计算与实验测试结果对比

（二）划分因子对数值计算的影响

在进行数值计算时，各个参数的设置非常重要。Yee 氏网格的精度是其中最重要的因素之一，其划分因子由式（2-16）决定，具体分割由式（2-17）完成。经过试验，网格的划分因子范围以纱线 d 及屏蔽纤维 d_m 为基准，在 $[0.1d_m, 0.5d]$ 范围内选择比较合适。过小会导致屏蔽纤维被划分过细，忽略了织物结构的作用，并且数值计算速度极慢。过大则会导致网格电磁参数反映的织物结构不准确，导致数值计算结果过于粗糙。图 2-14 是样布 1 及样布 5 在网格划分因子不同时的数值计算结果对比。从图中可看出，划分因子选择为 $0.5d$ 时比 $0.1d$ 的屏蔽效能数值计算结果值要大，并且偏离实测值较多。而划分因子选择为 $0.1d_m$ 时，则数值计算结果比 $0.1d$ 时小，并且偏离实测值也较大。

$$\eta_x, \ \eta_y, \ \eta_z \in [0.1d_m, 0.5d] \tag{2-24}$$

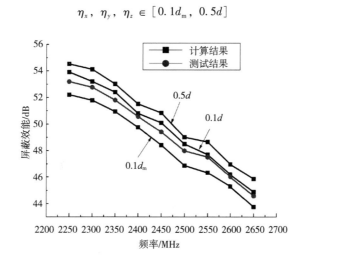

图 2-14　当 Yee 氏网格划分因子不同时样布 1 的数值计算结果

（三）毛羽对数值计算结果的影响

纱线毛羽关系到结构模型中 d 的参数和边界条件是否合理，因此对数值模拟结果影响也非常大。毛羽对其中的孔隙部分影响最大，毛羽越多，孔隙就越小，因此结构模型应较好地表示这些区域，根据纱线特点考虑毛羽对直径的影响。图 2-15 是样布 5# 取不同毛羽比例后所建立的结构模型的数值计算结果对比。

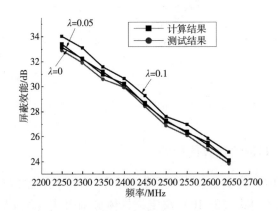

图 2-15　样布 5# 不同毛羽比例时的数值计算结果

从图 2-15 可以看出，针对样布 5#，毛羽比例 λ 为 0.05 时的数值计算结果与实际测试值非常接近。而 λ 为 0.1 时，数值计算结果则普遍增高，偏离实测值较远。实验证明，当毛羽比例值继续增大时，数值计算值与实测值偏离越大。对于不同的织物类型，毛羽的比例值是不一样的。表 2-4 列出了不同类型纱支所适合的毛羽比例值。设纱支根据特数计算出来的直径为 d_{tex}，则模型中的 d 由式（2-25）决定：

$$d = (1 + \lambda) \times d_{\text{tex}} \tag{2-25}$$

表 2-4　不同类型纱线毛羽考虑的比例值 λ

毛羽比例	银纤维	不锈钢纤维
λ	0.03～0.06	0.05～0.08

（四）模型的准确性分析

对每块样布的相关性进行分析，采用 T 相关性概率对数值计算结果和实验测试结果进行对比，得出检验 T 值为 0.015，根据统计学，当 $0.01 \leqslant T \leqslant 0.05$ 时，两结果差异不显著，证明本节数值计算结果令人满意。造成两者具有微小差异的原因一是实际织物具有复杂多变的结构，而所建立的计算模型理想化，与织物的实际形态肯定有一些差异；二是由于波导管测试法在测试过程中，会受到外界环境、实验设备、实验样布等的影响，导致测试的屏蔽效能结果普遍比数值计算的结果有所减小。但这种差异在相关性分析 T 值允许范围内，说明本节 FDTD 对织物进行数值计算是令人满意的。

四、小结

（1）基于密度及纱线直径的织物网格结构模型可以较好地描述织物的特征，将复杂的纤维排列及纱线交织结构转换成可用于 FDTD 计算的有效模型。

（2）Yee 氏网格划分因子与纱线直径 d 及屏蔽纤维的直径 d_m 有关，一般在 $[0.1d_m, 0.5d]$ 范围内比较合适，超出这个范围都会对数值计算造成不良结果。

（3）毛羽比例 λ 对数值计算结果有较大的影响，对于不同的纱线其范围不同，银纤维混纺纱为 $0.03 \sim 0.6$，不锈钢纤维混纺纱为 $0.05 \sim 0.08$。

（4）根据结构模型建立的物理模型边界条件及激励源设定适合电磁屏蔽织物屏蔽效能的数值计算，与实测值具有较好的吻合。

第三节	基于经纬组织点的电磁屏蔽织物屏蔽效能 FDTD 数值计算

上两节将 FDTD 应用在织物的电磁参数计算方面，提出了基于组织区域及基于经纬密度的电磁分析模型，并采用这两种结构模型对平纹、斜纹等织物做了数值模拟计算，取得了一定效果。但这两种网格分割算法较为简单，对于较简单织物可以达到理想结果，但由于并没有考虑织物的复杂特征区域及组织变化，对组织变化织物还不能进行理想计算，因此其适用面受到了一定限制。本节在前文基础上，进一步提出基于经纬组织点的 FDTD 对电磁屏蔽织物的屏蔽效能进行数值计算。首先根据经纬组织点纱线排列特征将其分割为经（纬）组织点重叠区、经（纬）组织点纵向单纱区、经（纬）组织点横向单纱区及孔隙区，然后根据经纬组织点及组织特征建立织物的结构模型；进一步根据模型的结构参数确定 YEE 氏网格的划分因子及离散方法，采用"同轴传输/反射法"测定网格的电磁参数，并设定适合的吸收边界条件、激励源、约束条件，从而建立织物的物理模型。通过实际测试验证上述模型，得出该方法可以较好地对电磁屏蔽织物屏蔽效能进行数值计算的结论。

一、电磁屏蔽织物的结构模型

（一）电磁屏蔽织物屏蔽原理及特点

如图 2-16 所示，电磁屏蔽织物主要通过加入屏蔽纤维如不锈钢纤维、镀银纤维、镀铜镍纤维等使之产生屏蔽作用。如图 2-16（a）所示，电磁波入射后，因织物内部大量屏蔽纤维的反射及多次反射作用导致仅有少量电磁波透过，从而形成对电磁波的屏蔽。由于织物由纱线交织而成，在具有一定规则性的同时，不可避免地会出现微小的孔隙，如图 2-16（c）所示。另外由于纱线由纤维混纺而成，屏蔽纤维在微观层面又呈现复杂排列形态，如图 2-16（d）所示，其中黑色纤维是屏蔽纤维。因此，电磁屏蔽织物具有柔软易变性、存在大量微观孔隙、宏观纱线排列规则、微观屏蔽纤维排列复杂的特点，对其进行理论上的精确数值计算需要寻找一种合适的有效方法。

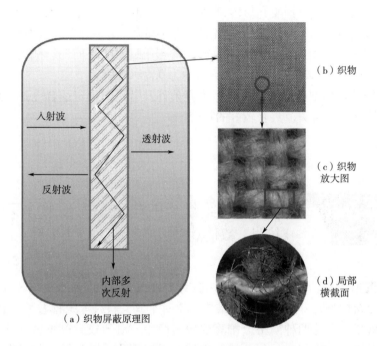

图 2-16　电磁屏蔽织物屏蔽电磁波的原理及特点

（二）织物的结构特征分析

采用 FDTD 对电磁屏蔽织物进行屏蔽效能计算的关键之一在于结构模型的构建。电磁屏蔽织物柔软易变形，屏蔽纤维在其中的排列呈现复杂空间结构，但同时又遵循一定规律。本节考虑经组织点及纬组织点电磁参数不同这一特点，将经、纬组织点看作是不同的物理区域，据此建立织物的结构模型及物理模型。图 2-17 是基于经纬组织点对任意电磁屏蔽织物进行区域划分的一般方法，图 2-17（a）是任意组织类型，图 2-17（b）是对该组织提取的最小组织循环，整体织物由多个最小组织循环重复形成。图 2-17（c）则是对最小组织循环中经纬组织点的提取，将其分解成若干个经纬组织点。

图 2-18 是根据图 2-17 对平纹组织建立结构模型的区域划分方法，其中图 2-18（a）是织物的最小结构示意图，图 2-18（b）是图 2-18（a）的组织意匠图，图 2-18（c）是经组织点示意图，图 2-18（d）是纬组织点示意图。从图 2-18 可以看出，根据经纬组织点划分区域类型有以下几个特征：①纬组织点和经组织点的排列结构不同，因为经纬纱线粗细可能不一样，并且其排列上下覆盖顺序也有区别，导致其电磁参数的不一致性，这可以更好地反映织物的实际结构。②经组织点和纬组织点的尺寸一致，

其中的经组织点横向区域与纬组织点横向区域属于同类型区域，经组织点纵向区域与纬组织点纵向区域属于同类型区域，因此织物的任何一部分仅用经组织重叠区、纬组织重叠区、横向单纱区、纵向单纱区及孔隙区 5 个类型表示即可。

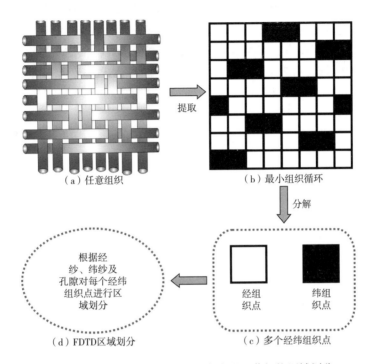

（a）任意组织　　　　　　（b）最小组织循环

提取

分解

根据经纱、纬纱及孔隙对每个经纬组织点进行区域划分

（d）FDTD区域划分　　　　　　经组织点　纬组织点　（c）多个经纬组织点

图 2-17　基于经纬组织点的任意电磁屏蔽织物区域划分

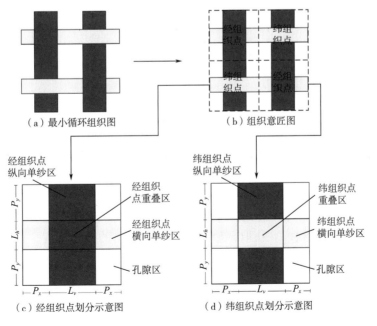

（a）最小循环组织图　　　　　　（b）组织意匠图

经组织点纵向单纱区　　　　　　　经组织点重叠区
经组织点横向单纱区
孔隙区
（c）经组织点划分示意图

纬组织点纵向单纱区　　　　　　　纬组织点重叠区
纬组织点横向单纱区
孔隙区
（d）纬组织点划分示意图

图 2-18　基于经纬组织点的区域划分

（三）结构模型的建立

如图 2-18 所示，以织物纬向为 x 轴，经向为 y 轴，织物垂直方向为 z 轴建立三维直角坐标系，经组织点、纬组织点沿 x 轴方向的不同区域宽度均为 P_x、L_v、P_x，沿 y 轴方向不同区域的宽度均为 P_y、L_h、P_y，所有区域在 z 方向的厚度一致，统一表示为 T_z，则经组织重叠区、纬组织点三维尺寸均可表示为 $L_v \times L_h \times T_z$、横向单纱区均可表示为 $P_x \times L_h \times T_z$、纵向单纱区可表示为 $L_v \times P_y \times T_z$，孔隙区可表示为 $P_x \times P_y \times T_z$。设织物的经纬及纬密为 D_v（根/10cm）及 D_w（根/10cm），经纬纱线的直径 d_v（mm）及 d_w（mm），可由式（2-26）~式（2-29）计算：

$$L_v = d_v \tag{2-26}$$

$$L_h = d_w \tag{2-27}$$

$$P_x = \frac{\dfrac{10}{D_v} - L_v}{2} \tag{2-28}$$

$$P_y = \frac{\dfrac{10}{D_w} - L_y}{2} \tag{2-29}$$

设经纱及纬纱线密度分别为 Tt_v（tex）及 Tt_w（tex），C_v、C_w 为经纱和纬纱的直径系数，则其满足式（2-30）及式（2-31）：

$$L_v = d_v = C_v \sqrt{Tt_v} \tag{2-30}$$

$$L_h = d_w = C_w \sqrt{Tt_w} \tag{2-31}$$

将式（2-30）及式（2-31）代入式（2-28）及式（2-29），得到式（2-32）及式（2-33）：

$$P_x = \frac{\dfrac{10}{D_v} - C_v \sqrt{Tt_v}}{2} \tag{2-32}$$

$$P_y = \frac{\dfrac{10}{D_w} - C_w \sqrt{Tt_w}}{2} \tag{2-33}$$

设一个织物组织由 N_v 及 N_w 个组织点构成，则针对不同的组织，其构成一个由经组织点 R_v 及纬组织点 R_w 为元素的矩阵，其行数 M、列数 N 的具体值由组织类型确定，但其满足式（2-34）：

$$N_v + N_w = N \times M \tag{2-34}$$

为了进一步进行 YEE 氏网格划分，需要确定每个组织点内部的各个点（x，y，z）在不同区域中的相对位置，以获取划分网格在三个方向的具体宽度、长度和高度，可由式（2-35）计算获得：

$$F(x, y, z) = \sum_{i=1}^{N} \sum_{j=1}^{M} \delta(x - (j-1)P_x - 2(j-1)L_v, \ y - (i-1)P_y - 2(i-1)L_h, \ z)$$

$$\tag{2-35}$$

而具体的经纬组织点位置则根据组织类型确定，从而确定式（2-34）中每个点

(x, y, z) 对应的电磁参数。

二、物理模型的构建

（一）Yee 氏网格的划分

为建立差分方程，首先要在空间将连续介质划分成若干个 Yee 氏网格。设 Δx、Δy 和 Δz 分别为 x、y、z 三个坐标轴的空间步长，Δt 为时间步长，令 $f(x, y, z, t)$ 代表 E 或 H 在直角坐标系中的某一分量，在时间和空间域中的离散可用式（2-36）表示：

$$f(x, y, z, t) = f(i\Delta x, j\Delta y, k\Delta z, n\Delta t) = f^n(i, j, k) \tag{2-36}$$

为了将式（2-34）所示电磁屏蔽织物结构模型进行划分，形成可以建立旋度麦克斯韦方程的 YEE 氏网格，本节引入离散因子 γ，将组织区域网格在三维空间范围划分成均匀正方形网格。设 ε 为网格的划分精度，则 γ 满足式（2-37）：

$$\left| \text{int}\left(\frac{P_x}{\gamma}\right) - \frac{P_x}{\gamma} \right| \approx \left| \text{int}\left(\frac{P_y}{\gamma}\right) - \frac{P_y}{\gamma} \right| \approx \left| \text{int}\left(\frac{L_v}{\gamma}\right) - \frac{L_v}{\gamma} \right| \approx \left| \text{int}\left(\frac{L_h}{\gamma}\right) - \frac{L_h}{\gamma} \right| \approx \left| \text{int}\left(\frac{T_z}{\gamma}\right) - \frac{T_z}{\gamma} \right| \leqslant \varepsilon$$

$$\tag{2-37}$$

ε 一般取值为 $\frac{1}{10^n}$，n 值越大，则表明精度越高。离散因子 γ 的求解是关键，其取值为一个范围，可在符合式（2-36）的条件下根据计算速度要求进行选择，其值越小，则运算越精确，但计算量也会大幅度增长。

（二）边界条件设定

因为电磁屏蔽织物的周期性阵列结构，导致其附近场幅度的分布具有同样的周期性，因此可截取电磁屏蔽织物结构模型一个循环单元，在 x 轴、y 轴方向设置周期吸收边界，在 z 轴方向设置 PML 吸收边界。

根据 Floquet 定理，可以得到适用于屏蔽织物的周期边界条件的场分量的递推公式，设平面波垂直入射到屏蔽织物表面，入射方向沿 z 轴负方向，电场平行于 x 轴方向，磁场平行于 y 轴方向，则根据式（2-35）、式（2-36）的网格离散公式以及麦克斯韦方程组，可采用二维周期结构下周期边界上场强的转换形式计算二维周期结构下周期边界上的电场分量 E_x、E_y 及 E_z。图 2-19 是织物的周期性结构示意图，设 A、B 两点沿 x 轴方向相距 T_x，C、D 两点沿 y 轴方向相距 T_y，即 $x_B = x_A + T_x$、$y_D = y_C + T_y$，则该场强转换公式为式（2-38）及式（2-39）：

$$\varphi(x_B, y, t) = \varphi\left(x_A, y, t - \frac{T_x}{v_{\phi x}}\right) \tag{2-38}$$

$$\varphi(x, y_D, t) = \varphi\left(x, y_C, t - \frac{T_y}{v_{\phi y}}\right) \tag{2-39}$$

式中，$v_{\phi x} = c/(\cos\theta\cos\phi)$，$v_{\phi y} = c/(\cos\theta\sin\phi)$，为平面电磁波沿 x、y 方向的相速；v 为入射波沿 k 方向的传播的相速。

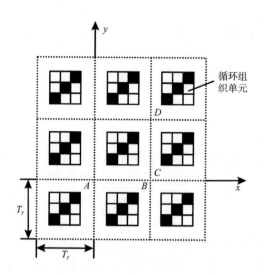

图 2-19　织物周期结构示意图

（三）约束条件

跟前两节一致，在进行时域有限差分计算时保证计算稳定性和收敛性是必须要考虑的约束条件。根据色散机制，减小时间和空间的步长可以降低数值色散的影响，但时间和空间的步长的降低同时将会导致计算时间和存储空间的增大，因此计算中为抑制数值色散，通常对空间步长的约束条件为式（2-40）：

$$\Delta x \leqslant \frac{\lambda}{12} \tag{2-40}$$

式中，λ 为介质中的波长。

（四）激励源设定

激励源有多种类型，采用 Gaussian 脉冲激励一次计算就可得到织物的宽频带特性，相应的计算时间可以缩短。并且由于织物中传输的是宽带时域信号，其中的场分布没有解析表达式，入射场必须用差分格式迭代得到。因此本节选择高斯脉冲波为激励源，这样与实际情况相符，可得到有效的模拟结果。设 $t_0 = 0.8\tau$，则其表达式为式（2-41）：

$$E_i(f) = -\frac{\tau}{2}\exp\left(-j2\pi ft - \frac{\pi f^2\tau^2}{4}\right) \tag{2-41}$$

式中，τ 为常数，决定了高斯脉冲的宽度。

（五）电磁参数的确定

通过矢量网络分析仪采用"传输/反射法"对区域试样进行测试，根据 S 序列参数可计算各个区域的电磁参数。具体方法见"第一节　基于组织区域的电磁屏蔽织物屏蔽效能 FDID 计算"中的"二、实验与验证"部分的描述。

孔隙部分则按真空电磁参数对待。

三、实验验证

（一）样布准备

为了验证本节所建模型，选择了不同种类及规格的多块样布进行了实验，表2-5列出了其中具有代表性的4块样布规格。

表2-5　样布规格

样布序号	屏蔽纤维含量	纱线线密度/tex	组织	密度/（根/10cm）	厚度/mm
样布1	50%银纤维	32	平纹	120×90	0.26
样布2	50%银纤维	32	斜纹	196×123	0.27
样布3	50%银纤维	25	平纹	256×187	0.24
样布4	50%银纤维	25	斜纹	287×192	0.25

（二）电磁参数的测试

采用本章第一节电磁参数的确定的方法，分别对32tex及25tex的50%银纤维的组织点重叠区域及单纱区域在不同频率的电磁参数进行测试，得出结果见表2-2。测试表明，同一个生产线生产的32tex的50%银纤维与25tex的50%银纤维的相同区域具有相等的电磁参数。

（三）网格及其余参数确定

根据图2-18及式（2-35）可建立样布1#~4#的结构模型，采用实验法[3]测得纱线的体积质量可计算出32tex及25tex的50%银纤维的纱线直径系数为$C_v = C_w = 0.038$，进一步结合式（2-36）、式（2-37）及织物循环组织经、纬组织点特征确定空间步长$\Delta x = \Delta y = \Delta z = 0.01$mm，得到计算模型的网格数量及参数值，见表2-6。此时空间间隔满足$c\Delta t = \delta/2$，其中c为光速，在计算中取$\Delta t = 0.1$ps。

表2-6　样布结构模型最小组织循环网格划分数量及各区域参数值　　　单位：mm

样布序号	P_x	L_v	P_y	L_h	最小组织循环网格数
样布1	0.32	0.21	0.46	0.26	170×226×26
样布2	0.16	0.21	0.31	0.27	159×249×27
样布3	0.08	0.19	0.16	0.24	70×102×24
样布4	0.07	0.19	0.15	0.25	99×147×25

根据"第二章第三节二、物理模型的构建"部分，截取织物的一个组织循环在x轴、y轴方向设置周期吸收边界，在z轴方向设置PML吸收边界。选择Gaussian脉冲波为激励源，频率范围为2250MHz~2650MHz，并根据波长λ采用式（2-39）设定约束条件。

（四）屏蔽效能的数值模拟与测试

采用 EastFDTD 软件根据以上模型及公式对电磁屏蔽织物周围场电磁强度进行数值计算，采用 MATLAB、Origin 数据处理工具对 FDTD 计算结果进行分析。观察点设置在 z 轴方向上 +6 个网格处，通过计算观察点在放置织物模型前后的场强变化情况得到屏蔽效能。

织物的屏蔽效能获取参照本章公式（2-11），样布屏蔽效能的测试采用第一节中的测试方法。

四、结果与分析

（一）数值计算与屏蔽效能结果比较

图 2-20 及图 2-21 分别给出了样布 1#~4# 采用本节模型进行数值计算所得到的屏蔽效能与实测屏蔽效能的对比图，其中网格划分为 0.1d。从图中可看出数值计算结果与实测值吻合度较好，证明本节模型达到了理想效果。

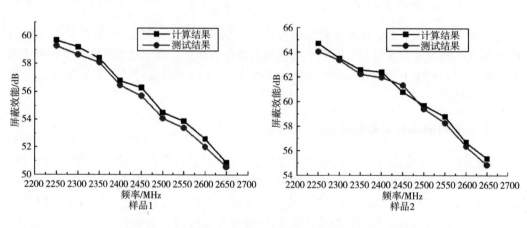

图 2-20　样布 1#、2# 的数值计算与实验测试结果对比

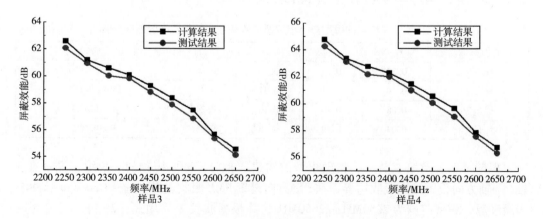

图 2-21　样布 3#、4# 的数值计算与实验测试结果对比

能达到上述较好的数值模拟结果，有以下几个原因：①跟银纤维的特征有关，其纱线较为光滑，计算时所划分的网格较为准确，极少出现同一网格存在多种介质的情况。②本节所给出的经纬组织点划分方法，能较好地兼顾所有纱线重叠区域、单纱区域及孔隙区域的特征，使网格划分能更好地表达织物真实状态。③由于银纤维的特征，使电磁参数的获取较为准确，从而使计算结果保持较好一致。④测试方法与实际相符，波导管法能较好地反映织物的实际屏蔽形态，因此可与 FDTD 数值分析结果保持较好一致。另外通过实验也发现，所有样布的测试结果普遍比数值模拟结果小，我们认为这是因为实际测试时会产生一定程度的电磁波微小泄漏。

（二）离散因子 γ 的修正

离散因子 γ 决定了网格划分能否清晰地将组织点的各个区域进行有效离散，决定了数值计算的精确性。通常这方面产生误差的原因是将组织点的单纱区域、孔隙区域、重叠区域的某个区域划分到其他区域。为此进一步限定离散因子 γ 的范围，将其以经纱及纬纱的直径 d_v（mm）、d_w（mm）、T_z（mm）及所包含的屏蔽纤维最小直径 d_f（mm）为基准，即满足式（2-42）：

$$\gamma \in \left[d_f, \ min(d_v, \ d_w, \ T_z) \right] \tag{2-42}$$

可在式（2-37）所示范围内确定离散因子 γ。通过对多个样布的数值结果进行分析，发现 γ 取值过小会导致屏蔽纤维被划分过细，使所建立的麦克斯韦方程过多而影响计算速度，γ 取值过大则会导致网格电磁参数反映的织物结构不准确，导致数值计算结果过于粗糙。图 2-22 是样布 1 网格离散因子 γ 不同时的数值计算结果对比，其值分别如式（2-43）、式（2-44）及式（2-45）所示：

$$\gamma_1 = d_f \tag{2-43}$$

$$\gamma_2 = \frac{d_f + min(d_v, \ d_w, \ T_z)}{2} \tag{2-44}$$

$$\gamma_3 = min(d_v, \ d_w, \ T_z) \tag{2-45}$$

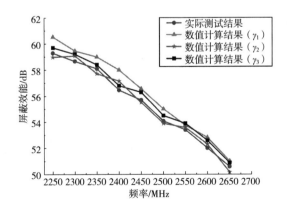

图 2-22　样布 1# 和样布 3# Yee 氏网格离散因子不同时的数值计算结果

从图 2-22 中可看出，离散因子选择为 d_f 及 min（d_v, d_w, T_z）时的数值计算结果均比为（d_f+min（d_v，d_w，T_z））/2 时偏离实测值较大，因此对离散因子 γ 进行进一步修正，一般情况下按式（2-46）、式（2-47）及式（2-48）所计算的范围取值较佳：

$$\gamma \in \left[\gamma_1,\ \gamma_2\right] \tag{2-46}$$

其中：

$$\gamma_1 = d_f + \frac{\min(d_v,\ d_w,\ T_z) - d_f}{4} \tag{2-47}$$

$$\gamma_2 = d_f + \frac{3(\min(d_v,\ d_w,\ T_z) - d_f)}{4} \tag{2-48}$$

（三）误差分析

由于织物的柔软易变性特点，会有较多误差因素对数值结果产生影响，主要来自电磁参数的测定、纱线的变形、织物结构扭曲、织物厚度变化、数值计算各种条件设定等各个方面。例如，在织物密度较大时，纱线往往因为重叠而出现压扁等现象，此时若以其为理想圆形的直径 d_v、d_w 表示纱线就会产生误差，需要进一步研究直径系数 C_v、C_w 的修正方法才能减少这类误差。再如，织物在实际状态下，经纱、纬纱往往呈现稍微倾斜的形态，因此经密 D_v（根/10cm）及纬密 D_w（根/10cm）在不同区域也有所变化，必然会对数值计算结果产生误差。另外在电磁理论方面，电磁参数的测定方法较多，用不同的方法测试的结果都有所不同，尤其是织物的柔软性给电磁参数的测定增添了难度，这些都会使数值产生误差。同样，数值计算时网格划分数量、划分大小以及边界条件、约束条件、激励源等参数设定都会对数值计算结果产生误差。

然而，上述导致误差的因素对数值结果产生的影响规律到目前为止还无法探明，这是由于这些因素对数值计算结果的影响还不能用数学方法表达或者能明确给出范围，其变化可能很大也可能很小，可能是正误差也可能是负误差。具体的精确误差控制方法还需在后续研究中不断探索，但总体的误差控制是清晰的，图2-23列出了影响误差的主要因素和影响方式。

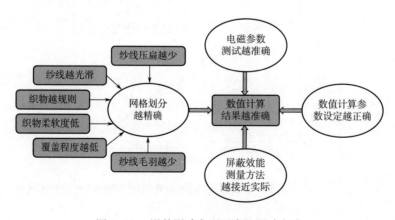

图2-23 误差影响主要因素及影响方式

（四）与已有方法对比及应用前景

虽然电磁数值计算方法在电磁兼容及电磁防护等很多领域得到了应用，但至今这些方法在电磁屏蔽织物中的应用还鲜有报道。表2-7给出了目前仅有的相关文献并进行了对比。

表2-7 FDTD在织物中应用的相关文献对比

文献	研究特点	与本文比较
文献［12，13］	采用FDTD研究测试服装屏蔽效能的方法	针对服装屏蔽效能，未涉及织物的电磁屏蔽效能计算
文献［14］	采用FDTD研究钢制纺织品的红外性能及热屏蔽性能	针对热屏蔽，未涉及织物的电磁屏蔽效能计算
文献［15］	利用FDTD对薄膜在紫外区域的透射率进行了模拟计算	针对紫外线，未涉及织物的电磁屏蔽效能
文献［6］	利用FDTD对织物屏蔽效能进行模拟计算，建立基于经纬密度的理想简单结构模型	未考虑实际织物组织结构及纱线特征，准确度不高，适用织物类型范围不广泛
文献［16］	利用FDTD对织物屏蔽效能进行模拟计算，建立基于纱线直径及组织结构的划分方法	未考虑经纬组织点、组织循环等关键因素，准确度一般，适用织物组织范围不广泛

本节工作提供了一条从理论上对电磁屏蔽织物的屏蔽效能进行数值计算的新途径，解决了目前电磁屏蔽织物屏蔽效能仅依靠设备测试容易产生较大误差的问题。本节内容具有重要的应用前景，首先对于科学研究而言，可以在电磁屏蔽织物的FDTD数值计算过程中，从理论上探索影响织物屏蔽效能的因素、规律及机理，为解决电磁屏蔽织物领域很多未知难题提供基础。其次，依靠FDTD计算电磁屏蔽织物的屏蔽效能，可以准确地对实际生产中所涉及的电磁屏蔽织物进行屏蔽效能的预测，不仅节约时间，也避免了试织产生的成本，可以高效率、低成本、高质量地开发出符合屏蔽要求的电磁屏蔽织物。再次，本项工作为后续的相关电磁屏蔽织物前沿性研究，例如，电磁屏蔽织物材料基因组的建立、新型高性能电磁屏蔽织物的开发等奠定基础，为解决相关科学问题提供了有效手段。最后，本项工作在对电磁屏蔽织物的质量性能评价方面也有重要用途，可以科学地对电磁屏蔽织物的屏蔽性能进行评测。因此，该研究不仅具有重要学术参考价值，也对电磁屏蔽织物的实际生产具有重要指导意义。

五、小结

（1）经组织点及纬组织点可以较好地描述织物特征，基于经纬组织点的电磁屏蔽织物结构模型可较好地表达织物组织结构，是FDTD数值计算的基础。

（2）根据基于组织点的织物结构模型设定网格划分方法、边界条件、激励源等参数，所建立的电磁屏蔽织物物理模型适合 FDTD 数值计算，与实测值能较好地吻合，具有明显的理论价值和应用意义。

（3）离散因子 γ 对 FDTD 数值计算结果影响较大，对其按照式（2-42）~式（2-45）进行修正后可使 FDTD 数值计算结果与实测值更好地符合。

第三章

电磁屏蔽织物屏蔽效能的快速计算

在对电磁屏蔽织物进行设计、生产时，评价其防电磁波效果的主要指标是屏蔽效能（*SE*）。但到目前为止，电磁屏蔽织物屏蔽效能的获取主要通过实验测试完成，这样的方式无法提前对织物的屏蔽效能进行预判，只能在织物织造完成后才能对其屏蔽效能进行测试，不能达到提前指导织物设计和生产的目的。并且即使在小样制作过程中依靠实际测试获取屏蔽效能，也会存在既费时费力，增加成本，且测试误差较大的问题。因此，在实际生产中，人们希望能根据一些参数对织物的屏蔽效能进行预先快速估算，以省去烦琐的实验测试过程，从而提高电磁屏蔽织物的设计、生产及检测效率，而目前织物屏蔽效能的快速计算问题还鲜有文献提及。本章就此开展研究，讨论基于虚拟金属模型的电磁屏蔽织物屏蔽效能快速计算、基于结构参数的电磁屏蔽织物屏蔽效能估算、含孔洞电磁屏蔽织物屏蔽效能快速计算模型及基于单位面积屏蔽纤维含量的电磁屏蔽织物屏蔽效能评估等问题，以期为电磁屏蔽织物的快速估算提供新的思路。

第一节	基于虚拟金属模型的电磁屏蔽织物屏蔽效能快速计算

为了能对电磁屏蔽织物进行快速的屏蔽效能计算，本节提出了一种建立虚拟金属模型以计算电磁屏蔽织物屏蔽效能的新方法。首先根据织物结构参数计算电磁屏蔽织物单位体积内屏蔽纤维含量，据此构建虚拟金属模型并计算其厚度参数，然后寻找虚拟金属模型与电磁屏蔽织物屏蔽效能之间的关系，通过计算虚拟金属模型的屏蔽效能来确定电磁屏蔽织物的屏蔽效能。最后对该公式的准确性进行了验证，得出该公式对常规电磁屏蔽织物有效的结论。

一、虚拟金属模型的构建

（一）模型描述

屏蔽纤维在混纺型电磁屏蔽织物中的纱线内部交错排列，在纱线之间则以毛羽形式相互接触，整体排列较为杂乱，导致电磁屏蔽织物的屏蔽效能很难根据屏蔽纤维的特征进行估算。因此，假设将电磁屏蔽织物中的屏蔽纤维完全提取出来，制作成没有空隙、界面光滑、与正常金属块一样的虚拟金属屏蔽体，如图 3-1 所示。该虚拟金属屏蔽体的质量与对应织物的屏蔽纤维总质量一致，平面尺寸与织物一致，厚度则根据原织物的结构参数及屏蔽纤维含量计算得出。由于该金属屏蔽体的金属含量与对应织物相同，我们称之为电磁屏蔽织物的虚拟金属模型。

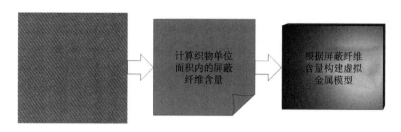

图 3-1 等量金属屏蔽体

根据图 3-1 的模型，虚拟金属模型由对应织物所含的屏蔽纤维材料构成，其存在形式为一整块连续金属。根据电磁理论，理想金属屏蔽体的屏蔽途径主要通过反射、多次反射及吸收完成，其中大部分是依靠反射进行，其屏蔽效能的计算可采用式（3-1）：

$$SE_M = R + A = 31.49 + 10\lg\frac{\sigma}{f\mu} + 15.4t\sqrt{f\mu\sigma}$$

$$= 168.16 - 10\lg\frac{\mu_{rf}}{\sigma_r} + 1.31t\sqrt{f\mu_r\sigma_r}(dB)$$

(3-1)

式中，SE_M 为虚拟金属模型的屏蔽效能；t 表示虚拟金属屏蔽体的厚度（cm）；μ_r 为相对磁导率；σ_r 表示相对电导率；f 表示频率，Hz。其中，μ_r，σ_r，f 均为已知变量，t 可根据织物的结构进行计算。

织物中的金属则以多根纤维形式交错排列存在，因此虚拟金属模型的屏蔽效能与对应织物的屏蔽效能肯定不同。若能通过推导或实验找出虚拟金属模型屏蔽效能与对应织物屏蔽效能的相互关系，就可通过虚拟金属模型屏蔽效能来估算对应电磁屏蔽织物的屏蔽效能。假设电磁屏蔽织物的屏蔽效能为 SE_F，则应该存在一个换算系数 λ，且满足式（3-2）：

$$SE_F = \lambda SE_M$$

(3-2)

式（3-2）显示，只需寻找换算系数 λ，就可以通过计算电磁屏蔽织物的金属含量来建立虚拟金属模型，并快速估算织物的屏蔽效能。

（二）模型的具体构建

虚拟金属模型是一个连续的金属屏蔽体，其金属含量与对应织物的屏蔽纤维含量相同，因此需先求出织物的金属含量。

设织物结构的经密为 D_v（根/10cm），纬密为 D_w（根/10cm），纱线线密度为 Tt（tex），纱线金属含量为 C（%），用于计算金属含量的织物面积为 $a$cm×$b$cm，则该织物的屏蔽纤维含量 M_C 可采用式（3-3）计算：

$$M_C = \left(D_w \times \frac{b}{10} \times a \times \frac{Tt}{100000} \times C\right) + \left(D_v \times \frac{a}{10} \times b \times \frac{Tt}{100000} \times C\right)$$

$$= \frac{(D_w + D_v) \times a \times b \times N_t \times C}{1000000}$$

(3-3)

根据图 3-1，将总量为 M_C 的屏蔽纤维看作一整块连续的虚拟金属体，设该金属的体积密度为 ρ（kg/m³），厚度为 t（cm），则有式（3-4）：

$$t = \frac{M_{\mathrm{C}}}{a \times b \times \dfrac{\rho}{1000}} = \frac{(D_{\mathrm{w}} + D_{\mathrm{v}}) \times \mathrm{Tt} \times C}{1000 \times \rho} \qquad (3\text{-}4)$$

式（3-4）表示根据织物的金属含量建立了与织物面积 $a\mathrm{cm} \times b\mathrm{cm}$ 大小一致的虚拟金属模型，其厚度可由织物的经密 D_{v}、纬密 D_{w}、纱线粗细 Tt、纱线的金属含量 C 及金属的体积密度 ρ 来计算。

（三）模型的屏蔽效能计算

式（3-1）已给出了虚拟金属模型屏蔽效能的计算公式。将式（3-4）代入式（3-1）得式（3-5）：

$$SE_{\mathrm{M}} = 168.16 - 10\lg\frac{\mu_{\mathrm{rf}}}{\sigma_{\mathrm{r}}} + 1.31\frac{(D_{\mathrm{w}} + D_{\mathrm{v}}) \times N_{\mathrm{t}} \times C}{1000 \times \rho}\sqrt{f\mu_{\mathrm{r}}\sigma_{\mathrm{r}}}\,(\mathrm{dB}) \qquad (3\text{-}5)$$

等量金属屏蔽体为一整体金属介质，而电磁屏蔽织物则由多根独立屏蔽纤维交错排列而成，两者的屏蔽效能肯定有所不同。为了描述等量金属屏蔽体屏蔽效能与对应电磁屏蔽织物的屏蔽效能之间的关系，给出了式（3-2）表示电磁屏蔽织物实际屏蔽效能与虚拟金属模型的屏蔽效能之间的关系。将式（3-5）代入式（3-2）得式（3-6）：

$$\lambda = \frac{SE_{\mathrm{F}}}{168.16 - 10\lg\dfrac{\mu_{\mathrm{rf}}}{\sigma_{\mathrm{r}}} + 1.31\dfrac{(D_{\mathrm{w}} + D_{\mathrm{v}}) \times N_{\mathrm{t}} \times C}{1000 \times \rho}\sqrt{f\mu_{\mathrm{r}}\sigma_{\mathrm{r}}}} \qquad (3\text{-}6)$$

换算系数 λ 反映了具有相等数量屏蔽纤维的虚拟金属屏蔽体的屏蔽效能与对应电磁屏蔽织物屏蔽效能之间的关系，下面将通过实验求出。

二、换算系数 λ 的确定

（一）实验方法

设计实验测试实验样布的屏蔽效能，并与所构建的虚拟模型所计算的理论屏蔽效能相对比，以探索虚拟模型与实际织物之间屏蔽效能的变化规律，并根据式（3-6）求得换算系数 λ。

采用 SGA598 织样机织造不同规格的平纹、斜纹、缎纹电磁屏蔽织物，每种类型织物分别选择 12 块样布，按密度参数递增进行编号。将每块织物制作成大小为 30cm×30cm 的测试样布。所有织物中，单纱中的不锈钢屏蔽纤维含量 C 为 15%，纱线线密度 Tt 为 23.5tex，不锈钢的体积密度 ρ 取 $7.93 \times 10^{3}\mathrm{kg/m^3}$，相对电导率 σ_{r} 为 0.02S/m，相对磁导率 μ_{r} 为 500H/m。样布的具体规格见表 3-1。

表 3-1 实验所用样布的具体规格

样布	经密 D_{v}/（根/10cm）	纬密 D_{w}/（根/10cm）	平均 D_{T}/（根/10cm）
平纹 1、斜纹 1 及缎纹 1	45	35	40
平纹 2、斜纹 2 及缎纹 2	68	52	60

电磁屏蔽织物模型及性能

样布	经密 D_v/(根/10cm)	纬密 D_w/(根/10cm)	平均 D_T/(根/10cm)
平纹3、斜纹3及缎纹3	88	72	80
平纹4、斜纹4及缎纹4	110	90	100
平纹5、斜纹5及缎纹5	131	109	120
平纹6、斜纹6及缎纹6	149	131	140
平纹7、斜纹7及缎纹7	165	155	160
平纹8、斜纹8及缎纹8	188	172	180
平纹9、斜纹9及缎纹9	210	190	200
平纹10、斜纹10及缎纹10	235	205	220
平纹11、斜纹11及缎纹11	268	212	240
平纹12、斜纹12及缎纹12	289	231	260

选 0.5GHz、1GHz 及 1.5GHz 三个频率采用波导管对上述织物的屏蔽效能进行测试，然后根据织物的各项参数采用式（3-6）求解 λ。

（二）换算系数 λ 的变化规律

根据上述实验，采用式（3-6）在不同频率下对平纹、斜纹、缎纹各块样布求解 λ，所得结果如图 3-2~图 3-4 所示。

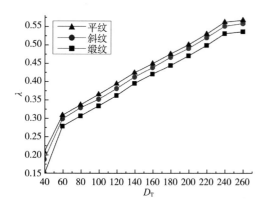

图 3-2　f=0.5GHz 时换算系数 λ 的变化曲线　　图 3-3　f=1.0GHz 时换算系数 λ 的变化曲线

由图 3-2~图 3-4 可看出，对于平纹、斜纹、缎纹电磁屏蔽织物，遵循以下几个规律：

（1）平纹、斜纹及缎纹组织的换算系数 λ 的变化规律是一致的，在平均密度到达 60 时，λ 开始随总密度呈直线规律变化；在平均密度达到 240 时，λ 达到一个稳定值，不再进行增长。

（2）当频率相同时，三种组织的换算系数的大小对比为：平纹>斜纹>缎纹。

（3）对于同一组织类型的织物，在0.5GHz～1.5GHz频率范围内，针对一个具体的密度，其换算系数是相同的，不随频率的增加而变化。图3-5给出了当频率变化时平纹织物λ的变化规律。

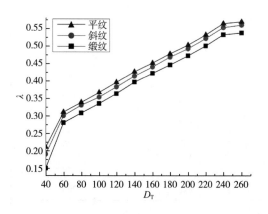
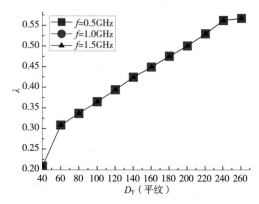

图3-4　f=1.5GHz时换算系数λ的变化曲线　　　图3-5　当频率变化时平纹织物λ的变化规律

（三）换算系数 λ 的确定

如图3-2～图3-5所示，λ在大范围内呈直线变化规律，即随着织物密度的增加λ的值也同时增加。这种变化规律也说明了织物越紧密其屏蔽效能越大这一事实。实际估算电磁屏蔽织物的屏蔽效能时，必须明确一个固定的λ值，因此需要给出根据织物密度计算λ的方法。

先分析平纹织物λ的计算方法。根据图3-5，直线斜率公式如式（3-7）所示：

$$\lambda = k(D_\mathrm{T} - 60) + 0.31 \tag{3-7}$$

将式（3-5）和式（3-7）代入式（3-2），得式（3-8）：

$$SE_\mathrm{F} = \left[k\left(\frac{(D_\mathrm{w} + D_\mathrm{v})}{2} - 60 \right) + 0.31 \right] \times$$

$$\left(168.16 - 10\lg\frac{\mu_\mathrm{r}f}{\sigma_\mathrm{r}} + 1.31\frac{(D_\mathrm{w} + D_\mathrm{v}) \times \mathrm{Tt} \times C}{1000 \times \rho}\sqrt{f\mu_\mathrm{r}\sigma_\mathrm{r}} \right)(\mathrm{dB}) \tag{3-8}$$

式（3-7）表示平纹组织的λ的起始值为0.31，总密度的起始值为60。若将其推广到任何织物，设λ的起始值为λ_b，总密度的初始值为D_b，则SE_F可采用式（3-9）计算：

$$SE_\mathrm{F} = \left[k\left(\frac{(D_\mathrm{w} + D_\mathrm{v})}{2} - D_\mathrm{b} \right) + \lambda_\mathrm{b} \right] \times$$

$$\left(168.16 - 10\lg\frac{\mu_\mathrm{r}f}{\sigma_\mathrm{r}} + 1.31\frac{(D_\mathrm{w} + D_\mathrm{v}) \times \mathrm{Tt} \times C}{1000 \times \rho}\sqrt{f\mu_\mathrm{r}\sigma_\mathrm{r}} \right)(\mathrm{dB}) \tag{3-9}$$

式中，斜率k称为变化系数。

按照上述同样方法及图3-2～图3-4，对平纹、斜纹、缎纹进行了实验测试，得出其变化系数k、换算系数的初始值λ_b、平均密度初始值D_b的结果见表3-2。

表 3-2　平纹、斜纹及缎纹换算系数的 k、λ_b 及 D_b

织物类型	平均密度范围	计算依据的频率范围	变化系数 k	换算系数初始值 λ_b	总密度初始值 D_b
平纹			1.38×10^{-3}	0.31	60
斜纹	[60, 240]	[0.5GHz~1.5GHz]	1.31×10^{-3}	0.30	66
缎纹			1.23×10^{-3}	0.28	74

三、验证及讨论

（一）验证方法与结果

任意选择不同总密度的平纹、斜纹及缎纹电磁屏蔽织物，具体数量见表 3-3。

表 3-3　验证实验所用的样布

样布组织	平纹	斜纹	缎纹
平均密度范围/（根/10cm）		[60, 240]	
样布数量/块	89	61	52

将表 3-3 中任一组织类型织物的第 i 块样布的结构参数及表 3-1 中的相应值代入式（3-9）计算该样布的屏蔽效能，结果用 SE'_M 表示。再采用波导管选择不同的频率测试该样布的屏蔽效能，结果用 SE''_M 表示，采用 δ_i 表示式（3-9）计算结果与实验结果的相对误差，则 δ_i 可采用式（3-10）获得：

$$\delta_i = \frac{|SE'_M - SE''_M|}{SE''_M} \times 100\% \qquad (3-10)$$

设任一组织类型中的实验样布测试的次数总和为 N，该组中所有样布的屏蔽效能计算结果与实验结果的最大误差为 δ_{max}，平均相对误差为 δ_{ave}，则有式（3-11）及式（3-12）所示关系式：

$$\delta_{max} = MAX(\delta_1,\ \delta_2,\ \cdots,\ \delta_N) \qquad (3-11)$$

$$\delta_{ave} = \frac{\sum_{i=1}^{N}\delta_i}{N} \qquad (3-12)$$

图 3-6 是表 3-2 所列三种类型织物的最大相对误差 δ_{max} 及平均相对误差 δ_{ave}。

从图中可看出，采用式（3-9）对表 3-3 所列织物计算的是屏蔽效能的最大相对误差在 3% 以内，平均相对误差在 2% 以内，与实验所测的屏蔽效能吻合较好。这说明在合理的纱支及密度范围内，式（3-9）对电磁屏蔽织物的估算是准确的。

（二）等量金属屏蔽体估算公式的适用范围

在实验及分析中，发现式（3-9）在表 3-2 所列平均密度范围内对织物屏蔽效能的计算是准确的，但超出这个范围，其计算准确率则大为下降。选择了平均密度在 [60, 240] 以外的不同组织样布 30 块，按照前述方法进行验证，发现最大相对误差

$\delta_{\max}$ 超过了 50%，平均相对误差为 δ_{ave} 超过了 30%，证明平均密度超出了 $[60, 240]$ 这个范围，本节的计算结果会发生偏差。图 3-7 根据图 3-5 绘制，用以解释式（3-9）的适用范围。无论何种类型织物，在密度小于一定值时，如图 3-7 中左侧的不准确区，由于纱线之间排列过于稀疏，导致织物电磁屏蔽作用降低，此时织物的屏蔽效能值很低，且无规律可循，因此式（3-9）在此时无法对电磁屏蔽织物进行有效的估算。当密度大于一定值时，纱线之间相邻已很紧密，密度即使再增大屏蔽效能也不会有明显增长效果。如图 3-7 中右侧的不准确区，此时式（3-9）的计算结果会大于实际值，也不能对电磁屏蔽织物的屏蔽效能进行正确估算。

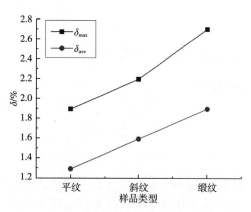

图 3-6　三种组织类型织物的最大相对误差及平均相对误差

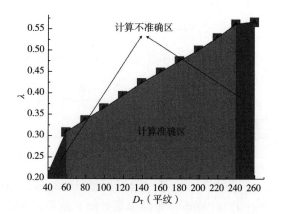

图 3-7　式（3-9）的计算准确区及不准确区

从图 3-7 中可以看出，式（3-9）的准确计算区是实际生产中常用的织物结构参数，而不准确区的结构参数在实际生产中几乎很难遇到。因此，式（3-9）适合评估大多数织物的屏蔽效能，具有较好的应用价值。

另外，在验证实验中，将频率范围扩大到 $[0.1\mathrm{GHz}, 3\mathrm{GHz}]$，发现只要密度满足图 3-7 中的计算准确范围，其最大相对误差小于 3%，平均相对误差小于 2%，证明式（3-9）在扩大后的频率范围内仍然具有很好的准确性。

针对图 3-7，通过分析，给出了式（3-9）对纱线的直径范围及密度范围的要求，具体见表 3-4。需要提及的是，金属含量的范围为取样的样本，对于超出表 3-3 中的屏蔽纤维含量范围的电磁屏蔽织物，并不意味着式（3-9）不能适用，具体结论还有待进一步实验验证。

表 3-4　目前所能确定式（3-9）的适用范围

样布类型	屏蔽纤维含量范围/%	纱支直径范围/cm	平均密度范围/（根/10cm）	适用频率范围/GHz
平纹	10~30	0.051~0.092		
斜纹	10~28	0.051~0.092	$[60, 240]$	$[0.1, 3]$
缎纹	10~25	0.051~0.092		

（三）虚拟金属体厚度对公式的影响

本节构建虚拟金属体的目的是方便估算电磁屏蔽织物的屏蔽效能。虚拟金属体的屏蔽效能主要取决于其厚度，而织物的屏蔽效能不仅取决于厚度，而且取决于屏蔽纤维因交错排列所引发的内部对电磁波的多次反射和损耗。

引入换算系数的目的是给出虚拟金属体与电磁屏蔽织物之间的屏蔽效能换算参数。若虚拟金属体的厚度 h 超出趋肤深度 t，式（3-9）在合适的参数范围内可以完成对电磁屏蔽织物屏蔽效能的估算。但是若等量金属屏蔽体的厚度小于趋肤深度，如图 3-8 所示，虚拟金属体模型就会失去意义。

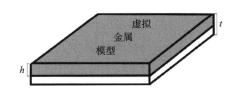

图 3-8　等价屏蔽体的厚度小于趋肤深度

这是因为式（3-9）是以式（3-1）为基础，而式（3-1）的前提则是其中的厚度参数要大于趋肤深度。虚拟金属体的厚度取决于织物中的屏蔽纤维含量，而屏蔽纤维含量取决于织物的密度和纱线粗细。因此，从这个角度分析，之所以实验显示式（3-9）要求纱支及密度在一定范围内才能有效，也跟虚拟金属体的厚度要求有关。

（四）公式对频率和屏蔽纤维类型的适应性

本节采用波导管发射信号以测试电磁屏蔽织物的屏蔽效能，并与虚拟金属体的式（3-9）计算公式结果相对比。在测试时，选择了 0.1GHz～3GHz 的频率进行实验，结果都取得了好的效果。但由于实验设备限制，式（3-9）在发射频率很小或很大的情况下是否正确还未及验证。但根据式（3-9）理论分析，其本身包含频率参数，且对金属屏蔽体适用，同时式（3-9）的推导过程以式（3-1）为基础，式（3-1）正是金属屏蔽体的屏蔽效能计算方法，其正确性已得到验证。由此推断，对于超出实验范围的频率，式（3-9）应该也有效。

同理，虚拟金属体的屏蔽效能计算公式基于理想金属的屏蔽效能计算，适合任何金属屏蔽体，因此式（3-9）也适合其他屏蔽纤维的电磁屏蔽织物。

四、小结

（1）虚拟金属模型的构建是有效的，可将杂乱排列的微观屏蔽纤维简化成一个理想金属屏蔽体进行分析，为估算电磁屏蔽织物的屏蔽效能奠定基础。

（2）虚拟金属体的屏蔽效能计算公式可对广泛的常规电磁屏蔽织物的屏蔽效能进行估算，具有好的准确性，也具有较广泛的应用价值。

（3）通过实验分析及推导的方法给出的平纹、斜纹及缎纹组织的换算系数、换算系数初始值、平均密度初始值是有效的，可对不同的组织织物屏蔽效能进行估算。

第二节　基于结构参数的电磁屏蔽织物屏蔽效能估算

为了解决屏蔽织物屏蔽效能的估算问题，本节在理论分析及前期实验基础上构建考虑金属含量、纱线支数、织物稀密程度等主要因素的织物屏蔽效能估算模型。进一步通过实验寻找屏蔽系数以给出完整的屏蔽效能估算公式。通过实验验证，该模型在发射源一定及织物厚度一定的情况下可较好地对织物屏蔽效能进行估算。

一、估算公式构建

（一）理论分析

由于非屏蔽纤维对电磁波透明，屏蔽织物的自身相对磁导率及相对电导率由单位面积所含屏蔽纤维决定。很明显，织物单位面积的金属含量由纱线支数、屏蔽纤维含量、织物厚度、织物紧度、织物种类决定，因此可以根据这些参数构建屏蔽效能的估算模型。

根据电磁辐射理论及前期实验可做以下推断，并据此建立估算模型进行验证：

（1）织物的屏蔽效能与纱线的金属含量成正比关系。当其他参数不变时，纱线所含屏蔽纤维越多，单位面积织物的屏蔽纤维越多，屏蔽效能越大。

（2）织物的屏蔽效能与纱线的支数成反比关系。纱支越高，纱线直径越小，在其他参数不变的情况下，单位面积内纱线根数增多，接触点增多，使微小孔隙增多，织物的屏蔽效能相应减少。

（3）织物的屏蔽效能与紧度呈近似正增长关系。如图 3-9 所示，当紧度达到 T_1 时，织物的屏蔽作用开始显现，在达到 T_2 之前，其屏蔽效能与紧度呈正增长关系。当紧度大于 T_2 后，屏蔽效能趋于稳定。在紧度小于 T_1 时，由于空隙太大，无论紧度在这个区间如何，其屏蔽作用都很小，趋于一个很小的稳定值。当紧度大于 T_2 时，织物的纱线挤压对屏蔽效能的影响不大，趋于一个极限稳定值。因此，建立估算模型时可以分段考虑紧度区间，紧度在 $[T_1, T_2]$ 之间为正比增长关系，紧度小于 T_1 及大于 T_1 时屏蔽效能趋于一个稳定值。

（二）屏蔽效能估算模型的构建

在上述分析基础上，根据织物的参数构建屏蔽效能估算模型，并进行验证，以对其屏蔽效能进行估算。

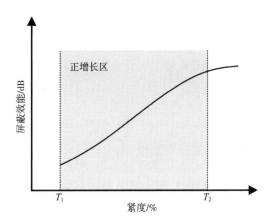

图 3-9　屏蔽效能——紧度关系图

设织物的紧度为 E ，纱线公制支数为 N_m ，纱线金属含量为 M ，假设频率为 f 平面波垂直入射到织物表面，织物某点的屏蔽效能为 S ，又假设存在一理想无孔隙屏蔽体，其尺寸与织物尺寸一致，材质由添加到织物中的金属构成，其屏蔽效能为 S_1 ，则根据式（3-1）可推导出式（3-13）：

$$S_1 = 168.16 - 10\lg \frac{\mu_r f}{\sigma_r} + 1.31t\sqrt{f\mu_r\sigma_r}\,(\mathrm{dB}) \tag{3-13}$$

式中， t 为理想屏蔽体的厚度（cm）； μ_r 为相对磁导率； σ_r 为相对电导率； f 为频率（Hz）。

根据前文分析，织物的屏蔽效能与紧度成正比，与纱线支数的平方成反比，与金属含量成正比，因此可得织物屏蔽效能的估算公式为式（3-14）：

$$S = \lambda \frac{EM}{\sqrt{N_m}}S_1 \tag{3-14}$$

式中， λ 为修正系数，需要由实验测得。令：

$$Q = \frac{EM}{\sqrt{N_m}}S_1 \tag{3-15}$$

则：

$$S = \lambda Q \tag{3-16}$$

根据式（3-14）可知系数 λ 可用下式计算：

$$\lambda = \frac{S}{Q} = \frac{E \times M \times \left(168.16 - 10\lg \dfrac{\mu_r f}{\sigma_r} + 1.31t\sqrt{f\mu_r\sigma_r}\right)}{\sqrt{N_m} \times S} \tag{3-17}$$

下面采用实验方法确定屏蔽系数。

二、系数的寻找

（一）实验设计

采用波导测试系统对不同电磁屏蔽织物屏蔽效能进行测试。波导测试系统由分析仪、示波器、扫频信号源、波导管、波导同轴转化器等构成。通过发射传感器发射信号，经过织物的遮挡后，信号接收传感器接收到信号输入网络分析仪的输入端，通过分析仪计算出电磁屏蔽织物的屏蔽效能。

屏蔽效能可采用式（3-18）进行计算：

$$SE = 20\lg \frac{U_0}{U_S} S \tag{3-18}$$

式中，U_0 为无屏蔽体时某一频点的幅值；U_S 为存在屏蔽体时相同频点的幅值。

用小型实验织机制作不同纱支不同紧度的不锈钢纤维混纺样布，包括平纹、斜纹、缎纹三种基本组织，每种样布制作成测试用样布，然后用波导管设定频率测试三次，求平均值作为该样布的测试屏蔽效能值。

采用 MATLAB7.0 编写程序，按照式（3-15）、式（3-17）编写程序对每一块样布的屏蔽系数 λ 进行计算。其中不锈钢金属的 μ_r 为 0.02，σ_r 为 500。通过分析实验误差最终确定各块样布的 λ，并进一步选择其他试样进行验证。

（二）系数确定

设 λ 存在且适合广泛的织物，则可先假设纱线支数 N、纱线金属含量 M 及频率 f 为固定值，根据式（3-15）求出 Q，根据实验测得 SE，进而根据式（3-17）算出 λ，然后再用 λ 验证纱线支数 N、纱线金属含量 M 变化时 λ 的适用性。图 3-10 是平纹、斜纹、缎纹不同紧度样布的理论 Q 值及实测 SE 值。

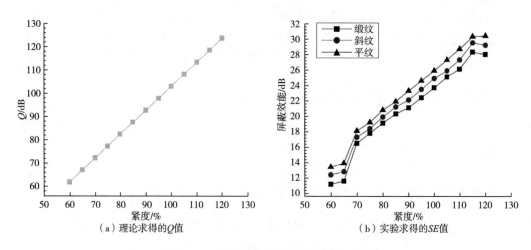

（a）理论求得的 Q 值　　　　　（b）实验求得的 SE 值

图 3-10　理论及实验求得的 Q 值及 SE 值

根据式（3-17），求得平纹、斜纹及缎纹的 λ 值，具体见图 3-11。

图 3-10（b）及图 3-11 中，紧度范围 [70，110] 为图 3-9 所示的线性增长区域 [T_1，T_2]。从图 3-11 中可明显看出紧度在此区域的 λ 值变化平稳，趋于一个常量。考虑实验误差，取图 3-11 中每类织物的所有样布的屏蔽系数的平均值作为最终的 λ 值，求得缎纹、斜纹、平纹的 λ 值见表 3-5。

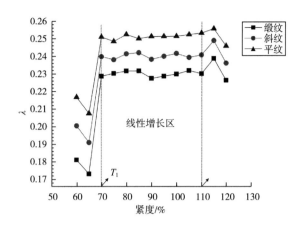

图 3-11　织物屏蔽系数 λ 值

表 3-5　不同织物组织的 λ 值

织物组织	缎纹	斜纹	平纹
λ	0.232	0.252	0.271

图 3-11 显示，当紧度小于 T_1 时屏蔽效能非常小，并且也不成线性关系，而是阶梯式迅速接近 0，即没有屏蔽效果。当紧度大于 T_1 时，屏蔽效能趋向稳定，达到屏蔽效能临界值。因此这两个区域中采用系数 λ 已经无法计算屏蔽效能，而应专门考虑。

三、验证与分析

（一）验证结果

根据表 3-5 所测得的 λ 结果，代入式（3-16）对不同织物样布的屏蔽效能进行估算，将结果与各织物的实测屏蔽效能进行对比，得到图 3-12~图 3-14 的结果。

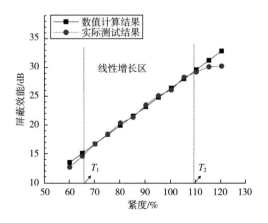

图 3-12　平纹织物（纱支：22 公支，屏蔽纤维含量 15%）屏蔽效能估算值与实验值对比

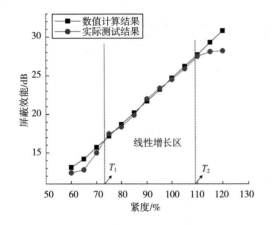

图 3-13 斜纹织物
（纱支：30 公支，屏蔽纤维含量 15%）
屏蔽效能估算值与实验值对比

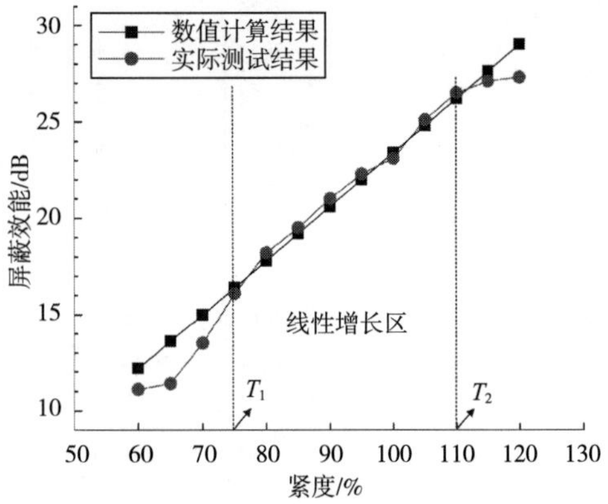

图 3-14 缎纹织物
（纱支：38 公支，屏蔽纤维含量 15%）
屏蔽效能估算值与实验值对比

由图 3-12~图 3-14 可看出，在织物线性增长区域数值计算结果与实际测试结果几乎重合，证明式（3-16）可较好地对织物的屏蔽效能进行估算。

（二）估算公式适合范围的边界的确定

图 3-12~图 3-14 中的线性区域 $[T_1, T_2]$ 分别为 $[66, 109]$、$[73, 109]$ 及 $[75, 110]$。我们认为，织物在紧度 $\leq T_1$ 时，纱线之间没有有效接触，形成较大孔隙，织物的屏蔽效能很小甚至没有，且不遵循线性规律。织物在紧度 $\geq T_2$ 时纱线充分挤压达到稳定紧密状态，织物的屏蔽效能不再随紧度增加，达到稳定状态。根据这个分析，给出了根据纱线直径 D_d（mm）、毛羽厚度 D_h（mm）对边界 $[T_1, T_2]$ 进行估算的公式如式（3-19）及式（3-20）所示。

$$T_1 = \frac{2D_d}{D_d + 2D_h} - 0.01 \times \frac{D_d{}^2}{(D_d + 2D_h)^2} \tag{3-19}$$

$$T_2 = \frac{2D_d}{D_d - 2D_h} - 0.01 \times \frac{D_d{}^2}{(D_d - 2D_h)^2} \tag{3-20}$$

（三）估算公式的准确性

为了验证估算公式的准确性，制作不同线密度及金属含量的平纹、斜纹、缎纹织物，根据式（3-16）计算其屏蔽效能并与实际测量的屏蔽效能对比，发现估算公式可较好地对织物的屏蔽效能进行估算。设有 N 块样布，采用式（3-16）计算第 i 块样布的屏蔽效能为 S_i，采用实验测量的第 i 块样布的屏蔽效能为 Se_i，则估算公式的准确性可用相对误差 R 计算，如式（3-21）所示：

$$R = \frac{\sum_{i=1}^{N} |Se_i - S_i|}{N} \tag{3-21}$$

根据式（3-21）分析实验结果，屏蔽效能的估算结果与测试结果的相对误差小于0.02。图 3-12~图 3-14 也可看出，在线性区域范围内，估算屏蔽效能值与实测屏蔽效能值基本重合，显示估算公式的估算结果较为准确。

（四）预估模型的后续工作

在本节所构建的屏蔽效能估算公式中，由于实验条件限制，假设频率及织物厚度为常量，未讨论这两个因素变化对估算公式的影响。估算公式限定在屏蔽效能-紧度的线性变化区域 $[T_1, T_2]$，对此区域范围之外的屏蔽效能估算仅给出了边界计算方法，还未给出具体的估算公式。实验仅选择了平纹、斜纹及缎纹等基础样布，对复杂组织的屏蔽系数还未进行讨论。总之，织物的屏蔽效能受织物金属含量、纱线支数、织物组织、织物稀密程度、织物厚度、发射源频率等多种因素影响，建立完全考虑这些参数的估算模型是一项长期而复杂的工作，后续工作中将努力进行完善。

四、小结

（1）所构建的考虑金属含量、纱线支数、织物紧度等主要因素的织物屏蔽效能估算公式可较为准确地对平纹、斜纹及缎纹织物进行估算，与实验测得数据误差小于 0.02。

（2）通过实验方法确定屏蔽系数 λ 的步骤合理，结果较为准确，可较好地反映基础组织织物屏蔽效能之间的差异，将 λ 代入估算公式可较好地对织物的屏蔽效能进行估算。

（3）织物屏蔽效能-紧度的线性变化区域 $[T_1, T_2]$ 的确定，对估算公式的适用范围进行了限定，使织物屏蔽效能估算分段进行，增加了准确性。

第三节　含孔洞电磁屏蔽织物屏蔽效能快速计算模型

本节针对电磁屏蔽织物矩形孔洞不够规则及边缘存在细小纤维的特点，建立了考虑边缘区域的含矩形孔洞电磁屏蔽织物屏蔽效能计算模型。首先建立孔洞的结构模型，确定其主体部分、边缘部分及主要尺寸，然后给出等效系数，明确其与织物本身结构以及边缘形态的关系，进而根据电磁理论构建含孔洞电磁屏蔽织物的屏蔽效能快速计算模型，并通过实验确定等效系数。最后通过实验对该计算模型进行了验证，得出了较为满意的结果。

一、屏蔽效能快速计算模型构建

（一）电磁屏蔽织物矩形孔洞的特点

金属箱体所开立的孔洞大都形状规则，边缘光滑，质地坚硬，且箱体材料为均匀介质。而电磁屏蔽织物的孔洞与金属屏蔽体的完全不同，如图 3-15 所示，由于织物柔软、易变形等特点，其上开立的孔洞形状不够规则、边缘有很多细小的屏蔽纤维，同时电磁屏蔽织物本身是非均匀多孔介质，孔洞之外亦有较多电磁波泄漏发生，从而影响到含孔洞织物的屏蔽效能计算。

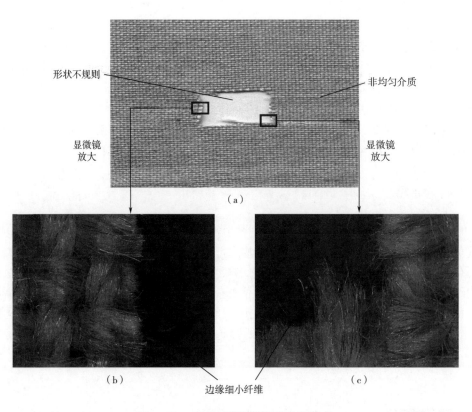

图 3-15　电磁屏蔽织物矩形孔洞特点

　　因此，与金属箱体孔洞的计算方法不同，需要考虑到孔洞形状、边缘、织物的非均匀多孔结构对孔洞的影响才能建立正确的含孔洞电磁屏蔽织物屏蔽效能计算模型。然而孔洞边缘屏蔽纤维分布以及织物非均匀多孔结构对屏蔽效能的影响是一个非常复杂的问题，目前还难以量化描述，为此采用等效理论，通过测定织物孔洞与标准孔洞之间的等效系数，从而完成含孔洞织物屏蔽效能计算模型的构建。

（二）数学模型

　　根据电磁理论，对于理想屏蔽体上的矩形孔洞，假设其面积为 S（mm^2），屏蔽体整体面积为 A（mm^2），当 $A \gg S$，圆孔的直径或方孔的边长也远小于波长时，则孔洞泄漏的磁场强度可以采用式（3-22）估算：

$$H_{\mathrm{p}} = 4\left(\frac{S}{A}\right)^{\frac{3}{2}} H_0 \tag{3-22}$$

式中，H_P 为屏蔽体孔洞漏泄的磁场强度，A/m；H_0 为屏蔽体外侧表面的磁场强度，A/m。

当孔洞为矩形时，其短边为 a（mm），长边为 b（mm），面积为 S'（mm^2），设与矩形泄漏等效的圆面积为 S（mm^2），则其值采用式（3-23）求得：

$$S = kS' \tag{3-23}$$

其中：

$$k = \sqrt[3]{\frac{b}{a}\varepsilon^2} \tag{3-24}$$

$$\varepsilon = \begin{cases} 1 & (a = b) \\ \dfrac{b}{2a\ln\dfrac{0.63b}{a}} & (b > a) \end{cases} \tag{3-25}$$

将式（3-23）代入式（3-22），再将式（3-24）代入其中，得式（3-26）：

$$H_\text{p} = 4\left(\frac{kS'}{A}\right)^{\frac{3}{2}}H_0 = 4\left(\frac{\sqrt[3]{\frac{b}{a}\varepsilon^2}\,S'}{A}\right)^{\frac{3}{2}}H_0 \tag{3-26}$$

当 $a = b$，即 $\varepsilon = 1$，则得到式（3-22）的结果。

当 $b > a$，即 $\varepsilon = \dfrac{b}{2a\ln\dfrac{0.63b}{a}}$，则有式（3-27）：

$$H_\text{p} = \left[\frac{4\sqrt[3]{\frac{b}{a}\left(\frac{b}{2a\ln\frac{0.63b}{a}}\right)^2}\,S'}{A}\right]^{\frac{3}{2}}H_0 \tag{3-27}$$

进行多项式合并后，得到式（3-28）：

$$H_\text{p} = \frac{\sqrt{\frac{b^3 S'}{2a^3\ln\frac{0.63b}{a}}}}{A^{\frac{3}{2}}}H_0 \tag{3-28}$$

设电磁屏蔽织物本身透射系数为 T_s，孔洞电磁波的透射系数为 T_h，则含孔洞时总透射系数如式（3-29）所示：

$$T_\text{z} = T_\text{s} + T_\text{h} \tag{3-29}$$

其中：

$$T_\text{h} = \frac{H_\text{p}}{H_0} = \frac{\sqrt{\frac{b^3 S'}{2a^3\ln\frac{0.63b}{a}}}}{A^{\frac{3}{2}}} \tag{3-30}$$

则该金属板含孔洞时的理论屏蔽效能 SE_theo 如式（3-31）所示：

$$SE_\text{theo} = 20\lg\left(\frac{1}{T_\text{s} + T_\text{h}}\right) = 20\lg\left(\frac{1}{T_\text{s} + \frac{\sqrt{\frac{b^3 S'}{2a^3\ln\frac{0.63b}{a}}}}{A^{\frac{3}{2}}}}\right) \tag{3-31}$$

设织物孔洞尺寸与式（3-23）所分析矩形尺寸一致，即短边为 a ，长边为 b ，面积为 S' ，由于形状的不规则性、边缘屏蔽纤维存在及织物的非均匀多孔性，织物孔洞对电磁的泄漏肯定与式（3-28）计算结果不一致。设含孔洞织物的实际屏蔽效能为 SE_{fab} ，与式（3-31）理论计算所得的孔洞 SE_{theo} 的比例为 k_{fab} ，则有式（3-32）：

$$k_{fab} = \frac{SE_{fab}}{SE_{theo}} \tag{3-32}$$

我们称 k_{fab} 为织物孔洞的等效系数，下面讨论其确定方法。

二、等效系数 k_{fab} 的确定

（一）实验材料

准备平纹电磁屏蔽织物样布，其实测密度为 337×239（根/10cm），屏蔽纤维含量为 20%，样布大小为 30cm×30cm。每块样布中开立不同尺寸的矩形孔洞，其短边为 a ，长边为 b ，面积为 S' ，具体见表3-6。

（二）实验方法

采用波导管方法测试电磁屏蔽织物没有孔洞时的屏蔽效能为 SE'_{fab} ，则有式（3-33）：

$$T_s = \frac{1}{\left(\dfrac{SE'_{fab}}{20}\right)^{10}} \tag{3-33}$$

选择波导管发射频率 $f = 2.1\text{GHz}$ ，测得的电磁屏蔽织物屏蔽效能如式（3-34）所示：

$$SE'_{fab} = 33.1 \tag{3-34}$$

则：
$$T_s = 0.006487 \tag{3-35}$$

设波导管的有效内径为 R ，则织物的有效面积 A 如式（3-36）所示：

$$A = \frac{\pi \times R^2}{4} \tag{3-36}$$

实验采用的波导管内径 $R = 7.5\text{cm}$ ，代入式（3-36），得到式（3-37）：

$$A = 44.17865\text{cm}^2 \tag{3-37}$$

将式（3-35）、式（3-36）代入式（3-31），得到各个孔洞的理论屏蔽效能 SE_{theo} 见表3-6。

表3-6　实验所用样布的孔洞规格及理论屏蔽效能

编号	a	b	S'	SE_{theo}
1#	0.3	0.5	0.15	30.1
2#	0.3	0.8	0.24	30.7

编号	a	b	S'	SE_{theo}
3#	0.3	1.1	0.33	29.7
4#	0.3	1.4	0.42	28.6
5#	0.3	1.7	0.51	27.4
6#	0.6	1	0.6	27.9
7#	0.6	1.4	0.84	29.2
8#	0.6	1.7	1.02	28.5
9#	0.6	2	1.2	27.8
10#	0.6	2.3	1.38	27.0
11#	0.9	1.5	1.35	26.1
12#	0.9	1.8	1.62	27.9
13#	0.9	2.1	1.89	27.7
14#	0.9	2.4	2.16	27.2
15#	0.9	2.7	2.43	26.6

（三）等效系数k_{fab}的变化规律

采用波导管对含不同尺寸孔洞的电磁屏蔽织物样布进行测试，得到每块织物的实际屏蔽效能SE_{fab}，其与理论值SE_{theo}的对比如图3-16所示。

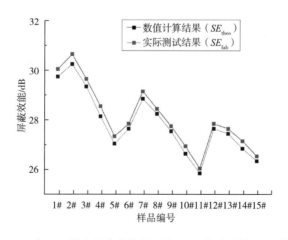

图3-16　表3-6样布屏蔽效能的理论SE_{theo}与实测值SE_{fab}的对比

由图3-16可以看出，织物的屏蔽效能理论值SE_{theo}均比实测值SE_{fab}要大，这是因为织物孔洞周围边缘不整齐、屏蔽纤维散开排列的原因，此时屏蔽纤维在孔洞边缘缺乏有效交缠，导致边缘的导电性能减弱，因此对电磁波的屏蔽作用减弱，从而使织物的实际测试屏蔽效能比理论计算的要小。采用式（3-32）根据每块样布的 SE_{theo} 及 SE_{fab} 计算 k_{fab}，得到图 3-17 的结果。

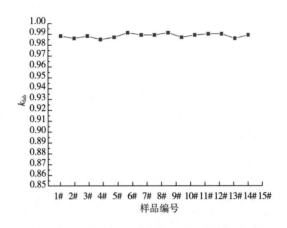

图 3-17　表 3-6 所列电磁屏蔽织物样布的等效系数 k_{fab}

图 3-17 显示，表 3-6 所列电磁屏蔽织物样布的等效系数 k_{fab} 在一个很小的范围内波动，精确范围如式（3-38）所示：

$$k_{\text{fab}} \in [0.987,\ 0.993] \tag{3-38}$$

求所有样布等效系数的平均值作为最终等效系数，则有式（3-39）：

$$k_{\text{fab}} = 0.99041 \tag{3-39}$$

式（3-39）即为所求的平纹织物电磁屏蔽织物的孔洞等效系数 k_{fab}。

由此，给出含矩形孔洞电磁屏蔽织物屏蔽效能的快速计算模型如式（3-40）所示：

$$SE_{\text{fab}} = k_{\text{fab}} SE_{\text{theo}} = 19.8082\lg\left(\cfrac{1}{T_{\text{s}} + \cfrac{\sqrt{2a^3 \ln \dfrac{0.63b}{a}}}{A^{\frac{3}{2}}}}\,b^3 S'\right) \tag{3-40}$$

三、验证及讨论

（一）快速计算模型的验证

选择了多块不同孔洞尺寸的平纹样布验证等效系数及快速计算模型的正确性。首先采用式（3-40）得到样布的屏蔽效能快速计算值 SE_{fab}，然后对这些样布进行实际测试，得到实验值 $SE_{\text{fab\_test}}$。经过对比，发现快速计算值与实验值具有较好的一致性，证明式（3-40）所示的快速计算模型能够快速计算含矩形孔洞平纹电磁屏蔽织物的屏蔽效能。表 3-7 列出了其中 8 块样布的规格参数，图 3-18 是这些样布的对比结果。

表 3-7　验证用平纹电磁屏蔽织物样布规格

织物编号	P1	P2	P3	P4	P5	P6	P7	P8
织物组织	平纹							
密度/（根/10cm）	321×256		363×277		326×216		378×267	
屏蔽纤维含量/%	15		15		20		20	
SE'_{fab}	29.6		30.8		32.3		33.5	
a	0.4	0.5	0.7	0.8	1	1.1	1.2	1.3
b	0.7	0.8	1.3	1.5	1.8	1.9	2.1	2.3

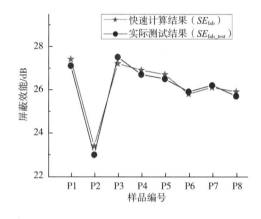

图 3-18　平纹织物屏蔽效能的快速计算值与实测值对比

（二）模型对其他组织的适用性

为了验证快速计算模型对斜纹及缎纹组织的适用性，选择多块斜纹及缎纹样布按照上述方法进行了对比。对比结果表明，样布的屏蔽效能快速计算值 SE_{fab} 与实验值 SE_{fab_test} 具有较好的一致性，证明式（3-40）所示快速计算模型对斜纹和缎纹组织也是适用的。表 3-8 是其中 5 块斜纹组织和 5 块缎纹组织的规格，图 3-19 及图 3-20 分别是斜纹组织和缎纹组织的快速计算值及实验值的对比图。

表 3-8　验证用斜纹及缎纹电磁屏蔽织物样布规格

规格参数	T1	T2	T3	T4	T5	S1	S2	S3	S4	S5
织物组织	斜纹					缎纹				
密度/（根/10cm）	362×260			401×310		371×223			382×233	
屏蔽纤维含量/%	15			20		15			20	
SE'_{fab}	29.6			32.7		29.8			31.6	
a	0.4	0.5	0.8	1	1.2	0.4	0.5	0.7	0.8	1
b	0.8	1.3	1.4	1.6	2.1	0.7	0.8	1.2	1.3	1.9

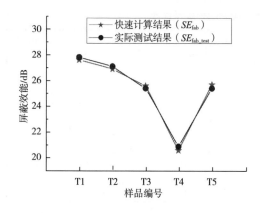 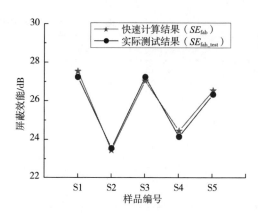

图 3-19　斜纹组织织物屏蔽效能的　　　　　图 3-20　缎纹组织织物屏蔽效能的
　　　　快速计算值与实测值对比　　　　　　　　　　快速计算值与实测值对比

（三）织物主要参数对计算模型的影响

从表 3-7 及表 3-8 中可以看出，验证时所采用的织物密度有多种类型，并且都是任意选择，而从图 3-18~图 3-20 中可以很明显看出，不同密度时计算模型仍然可获得与实验值吻合较好的理论计算值，可见织物密度变化不会对模型的计算结果产生明显影响。

同样，表 3-7、表 3-8 中所列织物具有不同的屏蔽纤维含量，采用计算模型所得的屏蔽效能仍然与实验测试值具有较好的一致性，可见屏蔽纤维的含量变化也未对模型的计算结果产生明显影响。

事实上，之所以织物主要参数对计算模型没有明显的影响，其原因在于式（3-40）所示的快速计算模型中含有透射系数，而透射系数与织物的密度、厚度、屏蔽纤维含量密切相关，即式（3-40）已经隐含了织物的这些主要结构参数，因此使其适用面较为广泛。

四、小结

（1）电磁屏蔽织物中孔洞具有边缘稀疏、形状不够规则等形态特点，与理想光滑屏蔽体的孔洞特征不同。

（2）含矩形孔洞电磁屏蔽织物的理论计算公式与实测值具有稳定的差异值，因此可获得较为恒定的等效系数，为含孔洞电磁屏蔽织物的计算奠定基础。

（3）所构建的基于等效系数的快速计算模型对含孔洞平纹、斜纹、缎纹屏蔽织物的屏蔽效能的计算均具有较好效果，织物密度、屏蔽纤维含量对其计算结果也没有影响。

第四节　基于单位面积屏蔽纤维含量的电磁屏蔽织物屏蔽效能评估

电磁屏蔽织物具有屏蔽作用的原因是其中含有屏蔽纤维，目前屏蔽纤维的主要材料之一是不锈钢金属纤维。对于这类织物，其单位面积金属纤维含量是评价织物屏蔽性能的重要参数，检测时需要进行测定。到目前为止，单位面积金属纤维含量一般通过燃烧法测定，不仅速度慢而且损耗大，因此迫切需要一种快速无损耗方法代替燃烧法。利用计算机图像技术对织物的参数进行识别具有速度快、对织物无损伤的特点，近年取得了快速发展。若采用计算机技术对单位面积金属纤维含量进行识别，将会克服燃烧法的缺点，是需要研究的一种新方法。

为此本节借助计算机图像分析技术识别电磁屏蔽织物单位面积金属纤维含量。首先，借助高清拍摄系统无损伤获取服装或织物局部分析区域图像，构建描述图像的灰度矩阵模型；其次，给出了一种新的基于灰度极值判断的织物密度识别方法，据此给出单位面积金属纤维含量的计算方法；最后，通过实验将本节方法识别结果与人工燃烧法识别单位面积金属纤维含量的结果进行比较，分析了误差产生原因及应用意义，并阐述了后续应做的工作。结论指出，该方法可无损伤识别面料及服装局部区域织物的密度，可准确计算出单位面积金属纤维含量，为借助计算机技术无损伤评估电磁屏蔽面料及服装的电磁屏蔽性能提供了一种新的方法。

一、用于电磁屏蔽织物密度识别的图像处理

（一）无损伤获取图像方法

实际中待检测的通常是完整的电磁屏蔽服装以及完整的电磁屏蔽织物。为了保证这些待测样品不受损伤，不能采用裁剪样品的方式获取局部织物，而应采用计算机技术获取局部图像对其屏蔽纤维含量进行评估，以达到无损伤测试的目的。图3-21给出了从完整服装中获取电磁屏蔽织物局部图像的方法，图3-22给出了从完整的一块电磁屏蔽面料中获取局部织物图像的方法。两种方法的共同要点是应选择织物局部较为平整的区域进行拍照。

（二）电磁屏蔽织物图像的数字模型

在获取电磁屏蔽织物图像后，其数字化构建是一个重要的过程。为了解决这个问题，图像由多个像素点组成，令图像的左下角为原点，图像的水平方向为 x 轴，垂直方向为 y 轴。每个像素的灰度值为织物图像可用一个灰色矩阵表示，如公式（3-41）所示。

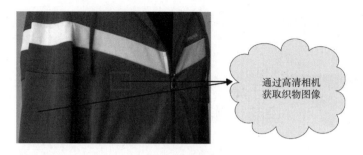

图 3-21　从穿着中的电磁屏蔽服装中获取局部织物图像

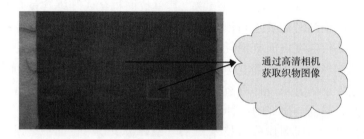

图 3-22　从平摊的电磁屏蔽面料中获取局部织物图像

$$\begin{vmatrix} g(x_1, y_1) & g(x_2, y_1) & \cdots & g(x_m, y_1) \\ g(x_1, y_1) & g(x_2, y_2) & \cdots & g(x_m, y_2) \\ \cdots & \cdots & \cdots & \cdots \\ g(x_n, y_1) & g(x_n, y_2) & \cdots & g(x_n, y_m) \end{vmatrix} \qquad (3\text{-}41)$$

为了更加直观地表示织物图像的灰度变化，设 z 轴为每个点的灰度，取值为 [0，255]，则可建立织物图像的灰度三维模型，如图 3-23 所示。

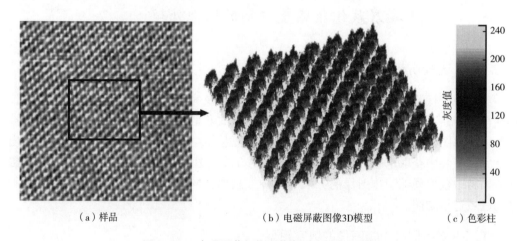

（a）样品　　　　　（b）电磁屏蔽图像3D模型　　　（c）色彩柱

图 3-23　电磁屏蔽织物图像的 3D 灰度示意图

从图 3-23 可以看出，织物图像经过数字化处理后，可用灰度准确地表示出来，为后续分析其参数提供了数据模型。

二、用于密度识别的极值判断法

本节提出一种用于密度识别的极值判断法。在光源照射下，织物表面的纱线具有最大的亮度，即最小的灰度值。纱线周围的孔隙区域具有最小亮度，即最大灰度值。因此，织物的密度分析可以转化为织物纵向区域灰度最大值和最小值的出现次数的分析。

对于图3-24中的情况，如果点$p(x_j, y_i)$是局部最大值，点$p(x_j, y_{i-v1})$为第一次出现灰度值降低即小于点$p(x_j, y_i)$的点。其中$v1$是点$p(x_j, y_i)$和点$p(x_j, y_{i-v1})$之间的像素数。点$p(x_j, y_{i+v2})$则为第一次出现灰度值增加即大于点$p(x_j, y_i)$的点，其中$v2$是点$p(x_j, y_i)$和点$p(x_j, y_{i+v2})$之间的像素数。因此，该点$p(x_j, y_i)$应满足式（3-42）：

$$\begin{cases} g(x_j, y_i) - g(x_j, y_{i-v1}) > 0 \\ g(x_j, y_i) - g(x_j, y_{i+v2}) > 0 \end{cases} \tag{3-42}$$

且该点$p(x_j, y_i)$的像素灰度值接近点$p(x_j, y_{i-v1})$与点$p(x_j, y_{i+v2})$之间的像素灰度值。

同理，如果该点$p(x_j, y_i)$是最小值，则该点满足式（3-43）：

$$\begin{cases} g(x_j, y_i) - g(x_j, y_{i-v1}) < 0 \\ g(x_j, y_i) - g(x_j, y_{i+v2}) < 0 \end{cases} \tag{3-43}$$

且该点$p(x_j, y_i)$的像素灰度值接近于点$p(x_j, y_{i-v1})$与点$p(x_j, y_{i+v2})$之间的像素灰度值。

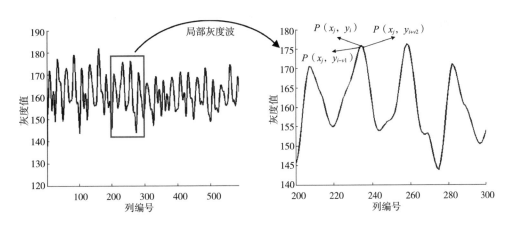

图3-24　灰度局部最大值和最小值

通过以上方法，可以很容易地将每个横行和纵列的极值判断出来。判断出的最大值和最小值的数目将是识别电磁屏蔽织物纬纱密度（根/10cm）或经纱密度（根/10cm）的关键数据。

根据计算机图像学，式（3-42）及式（3-43）代表了织物的纹理特征点，因此只要清晰度达到要求（一般大于 90dpi），能够识别出这些特征点，就肯定可以根据服装局部织物的这些特征点识别出织物的密度，从而计算单位面积金属纤维的含量。

三、单位面积屏蔽纤维含量的计算

（一）密度识别

采用上述的极值判断法，可以根据极值的分布和数量识别织物的密度。对于应用于电磁屏蔽织物的纹理，如平纹、斜纹、缎纹，根据电磁屏蔽织物的灰度图像的行或列中的最大值和最小值的数量，给出 D_w（根/10cm）和 D_v（根/10cm）的公式如式（3-44）和式（3-45）所示：

$$D_w = \frac{\sum_{i=1}^{N} W_i}{2 \times N \times L_w} \times 10 \tag{3-44}$$

$$D_v = \frac{\sum_{i=1}^{M} V_i}{2 \times M \times L_v} \times 10 \tag{3-45}$$

式中，W_i 是每行极值的总和；V_i 是每列极值的总和；L_w 和 L_v 分别是织物样布的宽度和高度，cm。

（二）单位面积金属纤维含量计算

在得到电磁屏蔽织物图像的密度后，根据密度的定义及已知的纱线参数，可以计算出 10cm×10cm 面积中的屏蔽纤维含量，最终经过换算得到单位面积屏蔽纤维含量。如果电磁屏蔽织物的单位面积金属纤维含量是 M_t（g/cm²），Y_t（tex）是纱线的数量，R_p（%）是从 BESF 图像中提取密度后的纱线中金属纤维含量的百分比，则计算单位面积金属纤维含量的公式如式（3-46）所示：

$$M_t = \frac{(D_w + D_v) \times Y_t \times R_p}{10000} \tag{3-46}$$

四、结果与分析

（一）对比试验

根据本节提出的算法，用 Matlab7.0 编写小型验证系统。同时制备 9 个不同质地的样品，样品的材料为 15% 的不锈钢金属纤维和棉纤维，其织物为平纹、斜纹和缎纹，纱线特数为 20tex。用高清照相机（SONY NEX-6）获取上述 BESF 样品的数字化图像，然后计算机自动选择其中一个平整区域进行识别，通过计算机自动识别样品的密度并计算单位面积金属纤维含量，结果如表 3-9 所示。

表3-9　不同方法下单位面积金属纤维含量与各织物样品等效厚度的比较结果

样布代号	组织类型	识别的织物密度/ （根/10cm）	识别 M_t/ （10^{-4}g/cm^2）	人工（燃烧法）M'_t/ （10^{-4}g/cm^2）	误差 δ/%
S1	平纹	298×239	16.11	0.001592	1.20
S2	平纹	265×202	14.01	0.001414	0.90
S3	平纹	232×169	12.03	0.001192	0.95
S4	斜纹	278×242	15.6	0.001587	1.70
S5	斜纹	249×220	14.07	0.001384	1.60
S6	斜纹	219×198	12.51	0.001231	1.56
S7	缎纹	269×237	15.18	0.001476	2.78
S8	缎纹	242×216	13.74	0.001337	2.69
S9	缎纹	213×195	12.24	0.001255	2.51

为了检验本节方法的准确性，选择与上述实验中相同的样布，并制作成 50cm×50cm 的样品。将这些样品进行燃烧，灰烬放置烧杯中反复清洗，剩余物质即为不锈钢纤维。将这些不锈钢纤维烘干后称重，得 W（g），设 M'_t（g/cm^2）是通过手动测量获得的单位面积金属纤维含量，可以按式（3-47）计算：

$$M'_t = \frac{W}{S} \tag{3-47}$$

若 δ 是 M_t 和 M'_t 的误差，可根据式（3-49）计算：

$$\delta = \frac{|M_t - M'_t|}{M'_t} \times 100\% \tag{3-48}$$

如表3-9所示，每个样本的误差 δ 小于3%，这一结果证明了本节所提出算法的准确性。

（二）总密度与单位面积屏蔽纤维含量之间的关系

从式（3-47）可知，在纱线参数一定的情况下，屏蔽纤维含量随织物的总密度呈正增长，表3-9也验证了这一结果。设总密度为 D_t，则 $D_t = D_w + D_v$，根据表3-9中 D_w、D_v 的数据，总密度与单位面积屏蔽纤维含量的变化曲线见图3-25。从该图中可知，无论是平纹、斜纹还是缎纹，在纱支参数一致的情况下，金属含量与总密度的关系成正比关系。

图3-26显示了同组织的样布屏蔽纤维含量与总密度的关系，可以看出，对于同种样布，总密度与单位面积金属含

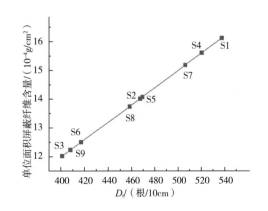

图 3-25　总密度与单位面积屏蔽纤维含量的关系
（纱支 20tex，单纱屏蔽纤维含量：15%）

量之间也存在正比关系。

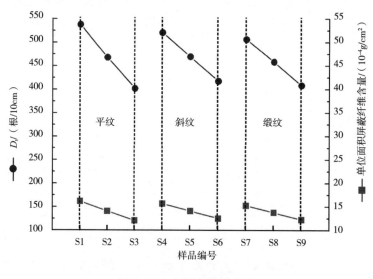

图 3-26　不同组织的变化

（三）单位面积屏蔽纤维含量对衡量电磁屏蔽织物屏蔽效能的作用

单位面积屏蔽纤维含量对电磁屏蔽织物屏蔽效能具有重要的影响。通过多次实验发现，单位面积屏蔽纤维含量与屏蔽效能的关系成正比关系，如图 3-27 所示。

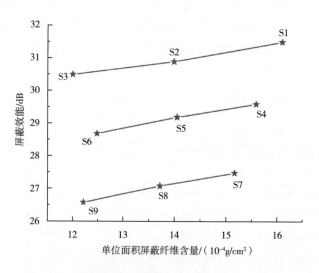

图 3-27　金属含量与屏蔽效能的关系（$f=2.3\mathrm{GHz}$）

图 3-27 显示，电磁屏蔽织物单位面积屏蔽纤维含量与织物的屏蔽效能关系密切。在相同组织情况下，随着单位面积屏蔽纤维含量的增加，织物的屏蔽效能也随之增加。因此，通过自动识别单位面积的屏蔽纤维含量可准确地评价织物屏蔽效能，是电磁屏

蔽服装和织物屏蔽效能的一个评判新方法。

上述实验也证明了对于同种织物组织，金属含量与屏蔽效能保持正比关系。但是对于不同组织的样布，金属含量则不一定与织物的屏蔽效能保持单纯的正比关系，此时织物的屏蔽效能还与织物的组织结构有关。图3-27也说明了这一点，平纹织物（S1，S2，S3），斜纹织物（S4，S5，S6）及缎纹织物（S7，S8，S9）的屏蔽效能分别在不同的级别，而密度相近的不同组织样布（例如，S3，S6，S9）的单位面积金属含量虽然相近，但却相差一定的屏蔽效能。

（四）本节图像处理算法的实用性分析

燃烧法虽然是测试电磁屏蔽织物中屏蔽纤维的常用方法，但由于在高温下屏蔽纤维表面的氧化存在，并且最后的过滤无法彻底去掉屏蔽纤维之上黏着的微量灰烬，因此导致燃烧法的质量稍有偏差。计算机识别没有上述引起误差的原因存在，因此只要正确操作以准确识别密度，该方法比燃烧法的测试结果会更为准确，并且测试时不会损伤电磁屏蔽织物或服装，可保持其完整性，符合实际使用时对任意电磁屏蔽面料和服装测试的要求，具有很好的实用性。

另外，电磁屏蔽织物单位面积金属纤维的识别对继续构建电磁屏蔽织物的模型具有重要意义，也具有很好的实用性。根据电磁学原理，电磁屏蔽织物的屏蔽功能主要取决于其电导率和磁导率，而这两个参数的大小则主要取决织物单位面积内的金属纤维含量。本节算法不但可识别单位面积的金属含量，也能分析出织物的纹理，因此可给出一种等效金属屏蔽体模型，可较为直观地描述电磁屏蔽织物的金属纤维排列结构，以作为进一步分析其电磁屏蔽性能的基础。图3-28给出了一种基于本节算法的等价屏蔽模型构建思路，可用来进一步分析电磁波在屏蔽织物介质中的传输特性。

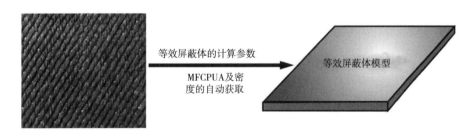

图3-28　电磁屏蔽织物的等效屏蔽体模型构建思路

五、小结

（1）借助计算机识别技术可无损伤获取电磁屏蔽面料及服装的平整区域图像并构建该图像的灰度矩阵。

（2）采用极值判断法可较好地自动识别电磁屏蔽织物密度，为单位面积屏蔽纤维含量的计算奠定基础。

（3）根据密度及纱线参数建立的单位面积屏蔽纤维含量计算公式，可准确快速地分析织物单位面积屏蔽纤维含量。

（4）本节方法为无损伤评估电磁屏蔽面料及服装的电磁屏蔽性能提供了一种新的方法。

第四章

———。

结构参数对电磁屏蔽织物屏蔽性能的影响

结构参数对电磁屏蔽织物屏蔽性能的影响至关重要，可成为直接调控织物电磁性能的基础，是指导电磁屏蔽织物设计、生产及测试的重要理论依据，通过控制织物结构的若干参数可控制织物中各种屏蔽纤维的配伍比、纤维电磁参数变化的梯度、排列形态以及匹配层数等要素，从而使电磁屏蔽织物的屏蔽性能达到所需的范围或级别。由于织物结构的复杂性，这部分的研究是一个难点，目前虽然有一些研究对其进行探索，但至今相关规律及机理仍未弄清，一些主要结构参数与织物屏蔽性能之间的关联还未明确。本章在前期建立电磁屏蔽织物特征模型、计算模型及FDTD电磁分析模型的基础上，研究常规结构参数对电磁屏蔽织物屏蔽效能的影响规律和机理，主要包括紧度、密度及组织类型对电磁屏蔽织物屏蔽效能的影响等，以期对电磁屏蔽织物的设计、生产和评价提供参考。

第一节　紧度对电磁屏蔽织物屏蔽效能的影响

本节在理论分析的基础上，采用波导管设备在一定发射频率下对不同紧度的不锈钢混纺纤维型屏蔽织物进行屏蔽效能的测试。通过对实验进行分析，描述紧度与织物屏蔽效能之间的关系，从微观角度解释紧度对织物屏蔽效能的影响机理，并给出通过纱支估算屏蔽织物最佳紧度的方法。

一、理论分析

（一）织物电磁辐射屏蔽原理

根据电磁学理论和前文所述，理想金属屏蔽体的屏蔽途径主要通过反射、多次反射及吸收完成，其屏蔽效能由式（4-1）决定：

$$SE = R + A + B(\text{dB}) \tag{4-1}$$

式中，R 为反射损耗；A 为吸收损耗；B 为多次反射损耗。假设平面波垂直入射到织物表面，根据 R、A、B 的公式，可得式（4-2）：

$$SE = 168.16 - 10\lg\frac{\mu_{rf}}{\sigma_r} + 1.31t\sqrt{f\mu_r\sigma_r}(\text{dB}) \tag{4-2}$$

式中，t 为服装的厚度（cm）；μ_r 为相对磁导率，H/m；σ_r 为相对电导率，S/m；f 为频率（Hz）。

屏蔽效能可采用式（4-3）进行计算：

$$SE = 20\lg\frac{U_0}{U_s} \tag{4-3}$$

式中，U_0 为无屏蔽体时某一频点的幅值；U_s 为存在屏蔽体时相同频点的幅值。

由式（4-2）可看出，织物的屏蔽效能由自身的相对磁导率及相对电导率决定。由于非屏蔽纤维对电磁波是透明的，屏蔽织物的自身相对磁导率及相对电导率由单位面积所含屏蔽纤维决定。很明显，在织物厚度一定及纱线屏蔽纤维含量一定的情况下，紧度越小，孔隙越大，单位面积的屏蔽纤维越少。紧度越大，孔隙越小，单位面积的屏蔽纤维越多。也就是说，紧度决定了织物的相对磁导率和相对电导率，即决定了织物的屏蔽效能。因此，研究织物紧度与屏蔽效能的关系就相当于研究孔隙与屏蔽效能的关系。

（二）紧度

紧度分为经向紧度、纬向紧度和织物总紧度三种。经向紧度 E_t 为经纱直径与两根经纱间的距离之比的百分率，如式（4-4）所示：

$$E_t = P_t d_t \tag{4-4}$$

纬向紧度 E_w 为纬纱直径与两根纬纱间的距离之比的百分率，如式（4-5）所示：

$$E_w = P_w d_w \tag{4-5}$$

织物总紧度 E 为织物中经纬纱所覆盖的面积与织物总面积之比的百分率，如式（4-6）所示：

$$E = E_t + E_w - 0.01 \times E_t \times E_w \tag{4-6}$$

式中，d_t、d_w 为织物的经纱及纬纱直径，mm；P_t、P_w 为织物的经纱及纬纱密度，根/10cm。

本节采用显微镜法对织物直径及毛羽进行测试并按照上式计算紧度，分析紧度与屏蔽效能的关系。

二、实验

（一）实验仪器

采用波导管 BJ22 测试系统对不同防电磁辐射织物屏蔽效能进行测试。该系统通过发射器发射信号，经过织物的遮挡后，信号接收器接收到信号并输入网络分析仪的输入端，从而通过分析仪计算出电磁屏蔽织物的屏蔽效能。

（二）实验材料

采用小型实验织机分别用 24 公支、32 公支及 40 公支的不锈钢纤维（15%）纱线织造不同紧度的平纹样布。每种纱线所织造的织物紧度从 60~120 共 13 种，每种织物均制作出 3 块半径为 30cm 的平整圆形样布。

（三）实验方法

所有样布放置在温度为 20℃，相对湿度为 30%±5% 的实验室环境下 48h 后进行测试。首先在显微镜下测量织物的纱线直径和密度，计算每块试样的总紧度。然后将每块样布夹置在波导管中间测试其屏蔽效能，取每种织物的 3 块样布所测值的平均值作为该织物的屏蔽效能。波导管频率为 2400MHz，发射源离织物的距离为 1.5m。

三、结果与讨论

（一）结果

不同公制支数平纹织物的屏蔽效能与紧度之间的关系如图 4-1 所示。

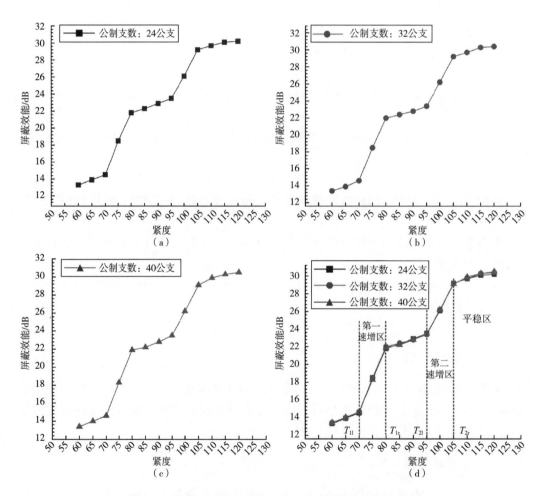

图 4-1　不同粗细纱线织物的紧度与屏蔽效能之间的关系

（二）屏蔽效能与紧度的关系

从图 4-1 中可看出，电磁屏蔽织物的屏蔽效能与紧度总体呈正增长关系，紧度越大，织物孔隙越小，织物的屏蔽效能越好。在图 4-1 中有两个快速增长区［图 4-1（d）中的"第一速增区"和"第二速增区"］，屏蔽效能在两个速增区内增加迅速。

从图 4-1 中还可看出，电磁屏蔽织物的屏蔽效能与紧度保持密切关系，与纱线粗细无关。图 4-1（d）是图 4-1（a）（b）（c）三幅图的合并图，三条曲线几乎重合，表明无论纱线的粗细，只要紧度一致，其屏蔽效能就近似一致。

当紧度达到一定程度时，如图 4-1（d）中的平稳区，屏蔽效能不再明显增加，此区域称为屏蔽效能的密度临界值。确定这一临界值对指导生产有重要理论意义，可正确设计织物密度，减少材料的耗用以降低成本。

（三）不同织物组织相同紧度的屏蔽效能

图 4-1 显示同一组织不同纱线的织物只要紧度一致则屏蔽效能也一致。为了验证其他组织是否也遵循这样的规律，进一步制作了斜纹和缎纹组织样布。其屏蔽效能与紧度的变化规律如图 4-2 所示。显然，其他组织屏蔽效能与织物紧度的变化规律与平纹织物是一样的。从图中明显看出，紧度一致而组织不同的织物的屏蔽效能是有差异的，平纹最大、斜纹次之、缎纹最小，其原因是因为这些组织结构的浮线数量不同，有些微小区域虽然不是空隙部分，但由于存在较多浮线，导致此处相当于半孔隙状态，也会泄漏电磁波。很明显，缎纹组织的浮线最多，斜纹次之，平纹最少。

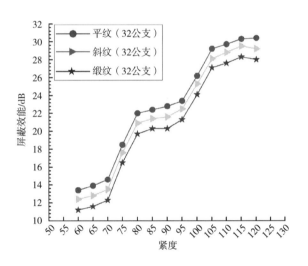

图 4-2　不同组织类型织物的屏蔽效能与紧度的关系

（四）紧度对屏蔽效能的影响机理分析

图 4-1、图 4-2 均显示，屏蔽效能-紧度曲线并非直线递增关系，而是有明显的两个快速增长区和平稳区。我们认为这些区域是由于纱线彼此相邻的状态而引起的。图 4-3 是纱线之间的孔隙变化示意图，图 4-3（a）表示纱线之间为有空隙状态，此时纱线彼此不相接触，之间有明显微小孔隙，因此织物的屏蔽效能很低。随着紧度增加，纱线开始接近并接触，如图 4-3（b）所示，此时纱线上的毛羽彼此接触，使孔隙的屏蔽效能猛然增强，对应图 4-1 第一速增区的左边界。随着紧度增加，毛羽接触量及接触面快速增加，继续填充原有的孔隙，如图 4-3（c）所示，此时织物的屏蔽效能也明

显加速增长。当紧度增加到一定程度时，毛羽之间的交错使孔隙中的屏蔽纤维增加趋于稳定，如图 4-3（d）所示，此时织物屏蔽效能的增速相对也开始趋于平稳，即脱离第一速增区。随着紧度继续进一步增加，纱线开始完全接触，如图 4-3（e）所示，此时孔隙完全被纱线填实，屏蔽效能猛增，开始进入图 4-1 中的第二速增区。随着紧度继续增加，纱线开始进入挤压状态，单位面积内的金属含量快速增多，屏蔽效能也快速增加，此时对应图 4-1 中的第二速增区。继续增加紧度，纱线挤压重叠达到一定状态后趋于稳定，如图 4-3（f）所示，此时即便紧度增加，纱线被挤压程度也不会明显增加，单位面积金属含量变化趋于稳定，即脱离第二区。之后虽然紧度继续增加，但纱线挤压已到极限，因此屏蔽效能趋于平稳。

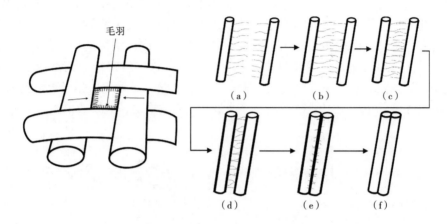

图 4-3 纱线的孔隙变化示意图

（五）屏蔽效能-紧度曲线不同区域的数学描述和边界范围确定

图 4-1 可以轻易地给出平纹织物屏蔽效能随紧度变化的两个速增区以及平稳区，为开发电磁屏蔽织物时确定紧度提供参考。设第一区左边界紧度为 $T1_1$，右边界紧度为 $T1_r$，第二区左边界紧度为 $T2_1$，右边界紧度为 $T2_r$，则有式（4-7）所示关系式：

$$T1_1 \in [70, 75], \ T1_r \in [78, 83], \ T2_1 \in [93, 98], \ T2_r \in [103, 108] \tag{4-7}$$

然而式（4-7）仅是对平纹组织而言，不能适用其他基础组织及变化组织。并且式（4-7）是通过实验而得到的结果，如果实际中对不同的织物组织均按本节实验确定该组织的两个速增区域及平稳区域，既耗时又耗费成本，显然是不现实的，需要通过纱线直径及毛羽厚度估算两个速增区及一个平稳区的紧度范围。为此，根据图 4-3 所示的屏蔽效能随紧度变化机理以及式（4-6），给出估算方法如式（4-8）~式（4-11）所示：

$$T1_1 = \frac{2D_d}{D_d + 2D_h} - 0.01 \times \frac{D_d^{\ 2}}{(D_d + 2D_h)^2} \tag{4-8}$$

$$T1_r = \frac{2D_d}{D_d + D_h} - 0.01 \times \frac{D_d^{\ 2}}{(D_d + D_h)^2} \tag{4-9}$$

$$T2_1 = \frac{2D_d}{D_d} - 0.01 \times \frac{D_d^{\ 2}}{D_d^{\ 2}} \tag{4-10}$$

$$T2_r = \frac{2D_d}{D_d - D_h} - 0.01 \times \frac{D_d{}^2}{(D_d - D_h)^2} \tag{4-11}$$

式中，D_d 为织物纱线平均直径，mm；D_h 为毛羽厚度，mm。

图 4-1 显示在紧度达到 $T2_r$ 时开始进入稳定状态，但发现纱线之间挤压尺度达到 $2D_h$ 时屏蔽效能才能达到最稳定状态，之后即使纱线再进行挤压，织物的屏蔽效能也不会明显增长。因此屏蔽效能稳定值所对应的紧度 T_s 如式（4-12）所示：

$$T_s = \frac{2D_d}{D_d - 2D_h} - 0.01 \times \frac{D_d{}^2}{(D_d - 2D_h)^2} \tag{4-12}$$

式（4-8）~式（4-12）中的纱线平均直径 D_d 及毛羽厚度 D_h 可根据实验测出，例如显微镜法或投影法，其值受纱线质量等级以及纤维种类影响而会有所不同。

由式（4-8）~式（4-12），根据本节平纹织物样布所采用的纱线的粗细及毛羽对其紧度范围进行了估算，其结果与式（4-7）相吻合。

四、小结

（1）电磁屏蔽织物的屏蔽效能与紧度呈正增长关系，其中存在两个快速增长区，在此区域屏蔽效能随紧度增加而快速增加。有一个平稳区，在此区域屏蔽效能不再随紧度明显增加。

（2）在纱线金属含量一致及织物组织类型一定的情况下，即使纱线粗细不一致，在同样紧度下，织物的屏蔽效能都是一致的。

（3）电磁屏蔽织物的屏蔽效能本质是由纱线的相邻状态决定的。纱线间分为完全不接触、毛羽初步接触、毛羽部分接触、毛羽完全接触、纱线紧邻、纱线挤压 6 个状态，不同状态决定了织物的屏蔽效能变化趋势。

（4）通过屏蔽效能变化的第一区、第二区的左右边界估算，以及对屏蔽效能平稳区的左边界计算，可为屏蔽织物设计提供有价值参考，以合理选择密度，降低材料使用量，降低成本。

（5）同样金属含量及纱支情况下，不同类型织物的屏蔽效能是有差异的，其中平纹最大、斜纹次之、缎纹最差。

第二节　密度对电磁屏蔽织物屏蔽效能的影响

本节在电磁波传输的理论分析基础上，采用波导管对多组混纺纤维型屏蔽织物试样进行测试，获取不同织物不同密度时的屏蔽效能。通过对实验进行分析，从微观角度描述了密度对织物屏蔽效能的影响机理，阐述密度与织物屏蔽效能之间的关系，并给出通过纱线估算合理密度的公式。

一、理论分析

由本章式（4-1）可知，屏蔽效能由反射损耗 R、吸收损耗 A 及多次反射损耗 B 决定，其反射损耗如式（4-13）所示：

$$R = 168.16 - 10\lg\frac{\mu_r f}{\sigma_r} \tag{4-13}$$

吸收损耗如式（4-14）所示：

$$A = 15.4t\sqrt{f\mu\sigma} = 1.31t\sqrt{f\mu_r\sigma_r}\,(\text{dB}) \tag{4-14}$$

式中，t 为织物的厚度（cm）；μ_r 为相对磁导率；σ_r 为相对电导率；f 为频率（Hz）。

所以织物内的多次反射损耗 B 可以遵循这一关系，其损耗可以表示为式（4-15）：

$$B = 20\lg(1 - e^{\frac{2t}{\delta}}) = 20\lg(1 - e^{3.54t\sqrt{f\mu\sigma}})\,(\text{dB}) \tag{4-15}$$

式中，t 为电磁屏蔽服装的厚度（cm）；δ 为趋肤深度；μ 为相对磁导率；σ 为相对电导率；f 为频率（Hz）。

由式（4-13）~式（4-15）可看出，屏蔽体的屏蔽效能由自身的相对磁导率及相对电导率决定。对于电磁屏蔽织物，其相对磁导率和相对电导率与屏蔽纤维的含量成正比。由于密度决定单位面积屏蔽纤维含量，所以也决定了织物的相对磁导率及相对电导率，即决定了织物的屏蔽效能。因此探索织物密度与屏蔽效能之间的规律实质上就是探索屏蔽纤维单位面积含量与屏蔽效能之间的关系。

二、实验

（一）实验仪器

采用波导测试系统对不同电磁屏蔽织物屏蔽效能进行测试。波导测试系统由分析仪、示波器、扫频信号源、波导管、波导同轴转化器等构成，可较为准确地测量并计算出电磁屏蔽织物的屏蔽效能。

（二）实验材料

采用小型实验织机制作了纱支相同但密度及组织不同的不锈钢纤维混纺样布。为了分析方便，每块样布经密纬密均相等，纱线含不锈钢纤维 15%。将样布按照织物结构分 3 组，分别为平纹、斜纹、缎纹，每组中有样布 20 块，密度为 60/60 ~ 250/250（根/10cm）。每种织物均制作出 3 块半径为 30cm 的平整圆形测试样布。

（三）实验方法

将所制作的各样布夹置在波导管中间，关闭波导管，选择 2400MHz 频率微波向织物发射电磁波，接收端将接收到的信号传输到网络分析仪以计算屏蔽效能。发射源离织物的距离为 1.5m。计算每种织物 3 块样布的屏蔽效能平均值作为该样布的屏蔽效能。

三、结果与分析

为便于分析，在制作样布时，无论是平纹、斜纹还是缎纹，每组相同编号的样布对应相同的密度，具体密度见表 4-1。

表 4-1　每组相同编号对应的密度

每组样布编号	1	2	3	4	5	6	7
对应密度/（根/10cm）	60/60	70/70	80/80	90/90	100/100	110/110	120/120
每组样布编号	8	9	10	11	12	13	14
对应密度/（根/10cm）	130/130	140/140	150/150	160/160	170/170	180/180	190/190
每组样布编号	15	16	17	18	19	20	
对应密度/（根/10cm）	200/200	210/210	220/220	230/230	240/240	250/250	

平纹、斜纹、缎纹每组织物的屏蔽效能随织物密度变化如图 4-4 所示。

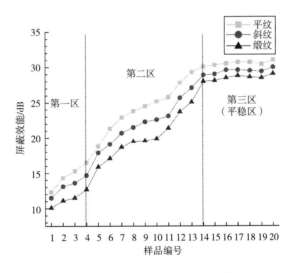

图 4-4　不同类型织物的屏蔽效能——密度变化图（2400MHz）

图 4-4 显示，无论平纹、斜纹还是缎纹，织物的密度对屏蔽效能的影响较大，屏蔽效能与密度呈现正增长关系。密度越大，织物越紧密，屏蔽效能也越大。反之，密度越小，织物越稀疏，之间的空隙越大，屏蔽效能越小。

然而图 4-4 所示的屏蔽效能-密度变化图并非简单的递增关系，而是有明显的两个快速增长区（图 4-4 中的"第一区"和"第二区"）和一个平稳区（图中的"第三区"）。在快速增长区内，屏蔽效能随密度增加而快速增加。在平稳区内，屏蔽效能不再随密度的增加而明显增加。

同时，从图4-4中也可看出，在密度相同的情况下，平纹组织结构的织物屏蔽效能最好，斜纹次之，缎纹的屏蔽效能最差。这是由织物组织结构的浮线多少决定的。

（一）密度对屏蔽效能的影响机理分析

为什么屏蔽效能与密度会有两个快速增长区及一个平稳区？与上节分析紧度对织物屏蔽效能的影响机理类似，我们认为这是由纱线彼此相邻的状态而决定的。图4-5是纱线相邻状态示意图，图4-5（a）表示纱线之间为有空隙状态，此时纱线彼此不相接触，之间有明显微小空隙，因此织物的屏蔽效能很低。随着密度增加，纱线进一步接近，纱线的毛羽开始接触并初步填充空隙，由于毛羽分布疏松，因此仅是对空隙的少量填充，如图4-5（b）所示。此时纱线上的毛羽彼此接触，使空隙的屏蔽效能猛然增强，对应图4-4中第一区的左边界。随着密度增加，毛羽接触量及接触面快速增加，继续填充原有的空隙，如图4-5（c）所示，此时织物的屏蔽效能也明显加速增长。当密度增加到一定程度时，毛羽之间的交错使空隙中的屏蔽纤维增加趋于稳定，如图4-5（d）所示，此时织物屏蔽效能的增速相对也开始趋于平稳，即脱离第一区。随着密度进一步增加，纱线开始完全接触，如图4-5（e）所示，此时空隙完全被纱线填实，屏蔽效能猛增，进入图4-4中的第二区。随着密度继续增加，纱线开始进入挤压状态，单位面积内的金属含量也快速增加，屏蔽效能也快速增加，此时对应图4-4中的第二区。继续增加密度，纱线挤压重叠达到一定状态后趋于稳定，如图4-5（f）所示，此时即便密度增长，纱线被继续挤压，金属含量密度也变化不大，即脱离第二区。之后虽然屏蔽效能随密度继续增加，但增势趋于平稳。

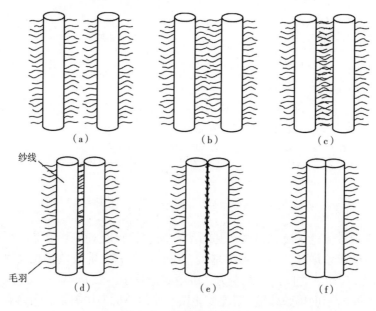

图4-5　纱线的相邻形态

电磁屏蔽织物模型及性能

（二）第一区及第二区的左右边界计算

根据上述所分析的织物屏蔽效能变化机理，给出通过纱线直径及毛羽厚度估算第一区和第二区边界值的算法，以期能对开发电磁屏蔽织物时的密度选择提供参考。设织物纱线平均直径为 d（mm），毛羽厚度为 h（mm），第一区左边界纬密、经密分别为 $D1_{w1}$ 及 $D1_{h1}$，右边界纬密、经密分别 $D1_{w2}$（根/10cm）及 $D1_{h2}$（根/10cm），则可估算出第一区的左右边界起始点如式（4-16）及式（4-17）所示：

$$D1_{w1} = D1_{h1} = \frac{10}{d + 2h} \qquad (4-16)$$

$$D1_{w2} = D1_{h2} = \frac{10}{d + h} \qquad (4-17)$$

设第二区左边界纬密、经密分别为 $D2_{w1}$ 及 $D2_{h1}$，右边界纬密、经密分别 $D2_{w2}$ 及 $D2_{h2}$，则可估算出第二区的左右边界起始点如式（4-18）及式（4-19）所示：

$$D2_{w1} = D2_{h1} = \frac{10}{d} \qquad (4-18)$$

$$D2_{w2} = D2_{h2} = \frac{10}{d - h} \qquad (4-19)$$

考虑到纱线毛羽大多属于纤维外漏而产生，这样会引起毛羽原来的位置出现空缺导致疏松，因此挤压变形的尺寸应和外露的毛羽尺寸一致。式（4-16）~式（4-19）中的纱线平均直径 d 及毛羽厚度 h 可根据实验测出，有许多测试方法可供选择，其值受纱线质量等级以及纤维种类影响而会有所不同。

（三）屏蔽效能稳定值的计算

当密度达到一定程度时，屏蔽效能不再明显增加，趋向稳定，此时的屏蔽效能称为平稳定值，如图4-4第三区域。与紧度临界值的确定一致，寻找这一临界值对指导生产有重要意义，可正确设计织物密度，减少织物材料的耗用从而降低成本。

式（4-19）给出了第二区的右边界，事实上这一边界正是第三区的开始处。但为了使之有所过渡，尽量使屏蔽效能达到最稳定状态，我们认为纱线之间挤压尺度达到 $2h$ 时为最佳选择，此时织物的屏蔽效能不会发生明显增长。因此达到屏蔽效能稳定值的密度如式（4-20）所示：

$$D3_{w1} = D3_{h1} = \frac{10}{d - 2h} \qquad (4-20)$$

（四）进一步验证

本节实验及分析均建立在经密及纬密一致的基础上，实验采用的纱线金属含量与纱支相同，发射频率也保持固定。通过图4-5的机理分析可知，屏蔽织物屏蔽效能与纱线之间的接近形态相关，因此可以推断，在经密与纬密不一致的情况下，其屏蔽效能变化应仍与图4-4的趋势一致，式（4-16）~式（4-19）依然可以适于计算各区经密和纬密的左右边界。为此进行了验证，制作了经密、纬密不同的织物，并对其屏蔽效能进行测试，发现对经向和纬向，屏蔽效能随密度的变化也是遵循

图 4-4 原理的。

验证实验中发现，当经密、纬密不一致时，意味着纱线之间的空隙不是近似正方形，这会导致织物对电磁波的屏蔽出现不均匀现象，尤其是电磁波出现极化方向改变时，可能会由于孔隙在经向和纬向的长度不同而导致屏蔽效能差异较大，这种现象由电磁波原理决定并且已通过实验得到验证。因此，为了使屏蔽织物的屏蔽效能不受极化方向影响，在设计屏蔽织物时，应当使经密、纬密保持一致，经纱和纬纱支数保持一致。

四、小结

（1）电磁屏蔽织物的屏蔽效能与密度呈正增长关系，其中有两个快速增长区，屏蔽效能随密度增加而快速增加。随后趋向稳定，屏蔽效能不再随密度的增加而明显增加。

（2）电磁屏蔽织物的屏蔽效能本质是由纱线的相邻状态决定的。纱线间的相邻关系分为完全不接触、毛羽初步接触、毛羽部分接触、毛羽完全接触、纱线紧邻、纱线挤压 6 个状态，不同状态决定了织物的屏蔽效能变化趋势。

（3）根据纱线粗细和毛羽厚度估算第一区、第二区左右边界对应的密度值以及平稳区的稳定值，可为屏蔽织物设计开发提供有价值参考，以选择最佳密度从而降低成本，提高屏蔽效果。

| 第三节 | 组织类型对电磁屏蔽织物屏蔽效能的影响 |

本节探讨基础组织、变化组织及复杂组织对织物屏蔽效能的影响规律，根据实验以明确组织类型对电磁屏蔽织物屏蔽效能的影响规律，并从屏蔽纤维微观排列方面分析织物组织类型对其屏蔽效能的影响机理，最后给出其他参数相同时评估任意组织类型电磁屏蔽织物屏蔽效能大小的理论模型。

一、实验

选择上海天使纺织公司生产的不同组织类型的不锈钢金属纤维/棉纤维混纺电磁屏蔽织物，将纱支、含量、密度参数相同的样布归为同组。每种织物制作成大小为 30cm×30cm 的测试样布，采用波导测试系统对电磁屏蔽织物的屏蔽效能进行测试，频率分别选择 1.5GHz、2GHz、2.5GHz。波导管发射源距离织物距离为 1.5m。图 4-6 是样布的扫描照片。

| 平纹 | 斜纹 | 缎纹 |

图 4-6　用以测试的不同组织类型电磁屏蔽织物样布

　　波导管接收端的电磁波强度需通过网络分析仪进行分析以计算屏蔽效能，其计算方法参照第二章公式（2-11），样布屏蔽效能的测试亦采用第二章第一节中"二、实验与验证"所述的测试方法。

二、结果

　　共测试了多组规格相同但组织类型不同的样布的屏蔽效能，抽出其中具有代表性的三组进行分析，见表 4-2。每组中均包含多个基本组织、变化组织及复杂组织，见表 4-3。

表 4-2　三组的结构参数

组号	纱线公制支数	密度/（根/10cm）	屏蔽纤维含量/%
A	36 公支	210/220	15
B	30 公支	185/190	15
C	26 公支	210/220	10

表 4-3　每组的组织类型

编号	1	2	3	4	5
种类	1 上 1 下平纹组织	1 上 2 下斜纹组织	5 枚 3 飞纬面缎纹组织	4 上 4 下纬重平+1 上 1 下平纹组成的凸条组织	2 上 2 下纬重平组织
编号	6	7	8	9	10
种类	2 上 2 下方平组织	1 上 2 下+1 上 1 下复合斜纹组织	8 枚 3 飞纬面加强缎纹组织	1 上 2 下+2 上 1 下斜纹组成的条组织	3 上 2 下 1 上 2 下复合斜纹组成的绉组织

　　图 4-7（a）、（b）及（c）是发射频率为 1500MHz、2000MHz、2500MHz 时上述三组样布的屏蔽效能测试结果。图 4-7（d）是第 C 组屏蔽效能在不同发射频率时的对比。

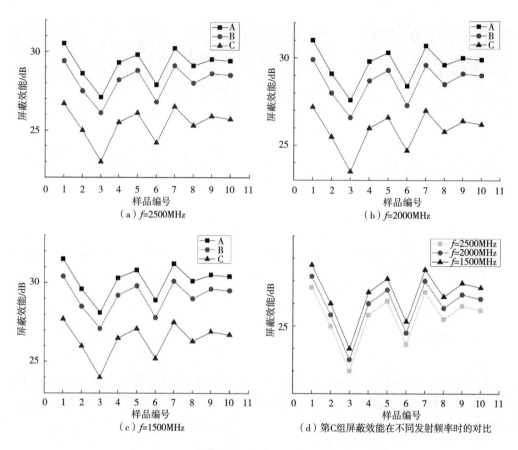

图 4-7 发射频率不同时每组样布屏蔽效能变化图

三、分析与讨论

（一）织物组织类型对其屏蔽效能大小的影响

图 4-7 显示，在织物其他结构参数及发射频率保持不变的前提下，不同组织类型织物的屏蔽效能是不同的。主要遵循以下几个规律：

（1）对于基础组织（如图 4-7 中的样布 1~样布 3）。斜纹组织织物的屏蔽作用较缎纹组织好，平纹组织又比斜纹组织的屏蔽作用好。原因是平纹组织的交织点最多，织物较紧密，导致其对电磁波的屏蔽效能较好。而缎纹组织交织点最少且浮线较多，织物较为疏松，导致其对电磁波的屏蔽作用较差。斜纹的交织点介于平纹及缎纹之间，因此屏蔽作用也介于两者之间。

（2）对于变化组织（图 4-7 中的样布 4~样布 8），屏蔽效能跟织物的经向和纬向的浮线数量有关，同时也与浮线的交错程度有关。当经向和纬向浮线没有交错时，织物在两个方向均较为疏松，织物纱线之间孔隙增多，使屏蔽效能降低。当经向和纬向浮线有部分交错时，织物由于浮线之间的交错变得相对均匀致密，孔隙减少，因此屏蔽效能较大。

（3）对于复杂组织（图4-7中的样布9、样布10），理论上其局部的屏蔽效能取决于该局部的组织结构具体是什么基础组织或变化组织。但对于电磁波，织物微小的局部变化对整体屏蔽效能的影响较难区分，其最终屏蔽作用取决于织物的整体结构。实验结果显示，此时织物的屏蔽效能仍取决于织物整体的浮线多少。浮线越多，织物越稀疏柔软，其屏蔽效能则越小。反之织物越紧密，屏蔽效能越大。

总之，从织物的宏观结构方面分析，我们认为在其他参数不变的情况下，电磁屏蔽织物的屏蔽效能主要由组织的浮线多少决定，同时还与浮线的交错及相邻状态有关。浮线越多，织物越疏松，孔隙越多，其屏蔽效能就越小。若经纬浮线有交错现象，则经纱、纬纱的叠压处增多，织物越紧密，孔隙减少，从而使织物的屏蔽效能越高。

（二）组织类型影响其屏蔽效能的微观机理分析

正如式（4-1）显示，屏蔽效能由 R（反射损耗），A（吸收损耗），B（多次反射损耗）构成。当电磁波射入织物时，一部分被反射，一部分被吸收（或内部反射），还有一部分透过织物。从式（4-2）可以看出，织物的屏蔽效能最终由织物的相对磁导率、相对电导率、厚度及频率决定。而电磁屏蔽织物的屏蔽作用来源于屏蔽纤维，因此式（4-2）中的相对磁导率、相对电导率及厚度本质上取决于织物微观屏蔽纤维的排列方式。显然，织物组织类型是决定屏蔽纤维微观排列的关键因素，对屏蔽效能有重要影响。当织物组织交织点多、浮线少时，经纬纱线叠加使织物紧密，此时屏蔽纤维之间孔隙减少，单位面积内屏蔽纤维排列密集，织物的相对磁导率及相对电导率增加，屏蔽效能增强。当织物中的交织点减少浮线增多时，经纬纱重叠较少，之间缝隙增多，使微观屏蔽纤维之间的孔隙加大，排列不够紧密，导致通过屏蔽纤维之间孔隙的电磁波就越多，此时织物的相对磁导率及相对电导率降低，织物屏蔽性能下降。也就是说，从微观角度讲，织物组织类型决定了屏蔽纤维的微观排列孔隙的多少，而孔隙的多少则决定了织物的屏蔽效能大小。

（三）根据组织类型评估织物屏蔽效能的模型

对于任一组织类型织物，人们关心的是在同等参数条件下，什么样的组织会有更好的屏蔽效能，以便在设计、生产及评价电磁屏蔽织物时，可根据组织类型评估织物的屏蔽效能。上文从宏观织物结构及微观屏蔽纤维排列两个方面讨论了组织类型对电磁屏蔽织物的影响，认为在密度、纱支等参数一定的情况下织物组织浮线的多少是影响电磁屏蔽织物屏蔽效能的关键因素。浮线在宏观方面影响了织物结构的孔隙多少，在微观方面影响了屏蔽纤维的排列。据此给出一种简易的方法，以评估不同组织类型织物的屏蔽效能。

如图4-8所示，设织物组织的经向循环数为 R_j，纬向循环数为 R_w，在一个基本组织循环中，总组织点个数为 T，织物正面出现纬浮线的区域占据组织点个数为 F_w，经浮线的区域占据组织点个数为 F_j，用浮线系数 η 表示组织类型对电磁屏蔽织物屏蔽效能大小的影响，则有式（4-21）~式（4-23）所示关系：

$$\eta_{\mathrm{w}} = \frac{F_{\mathrm{w}}}{T} = \frac{F_{\mathrm{w}}}{R_{\mathrm{j}} \times R_{\mathrm{w}}} \times 100\% \qquad (4-21)$$

$$\eta_{\mathrm{j}} = \frac{F_{\mathrm{j}}}{T} = \frac{F_{\mathrm{j}}}{R_{\mathrm{j}} \times R_{\mathrm{w}}} \times 100\% \qquad (4-22)$$

$$\eta = \eta_{\mathrm{w}} + \eta_{\mathrm{j}} - \frac{\eta_{\mathrm{w}} \times \eta_{\mathrm{j}}}{100} \qquad (4-23)$$

式中，η_{w}、η_{j} 表示在一个组织循环中经、纬浮线所占据的组织点与组织点总数的数量比例，称为纬浮线系数和经浮线系数，单位是%。浮线总系数 η 表示织物在一个组织循环中，浮线的纬浮线和经浮线的总比例减去两者重合的部分。其值越大则浮线越多，织物的屏蔽效能越小；其值越小则浮线越少，织物的屏蔽效能也越大。纬浮线及经浮线所占据的组织点个数可以通过织物组织循环图计算出来。表 4-3 中的各组织的浮线系数如表 4-4 所示。

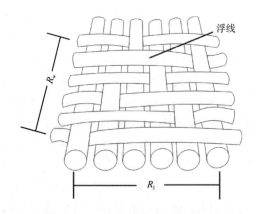

图 4-8　电磁屏蔽织物组织循环

表 4-4　表 4-3 中各组织的浮线系数 η

编号	1	2	3	4	5
浮线总系数 η	0	67	80	65	50
编号	6	7	8	9	10
浮线总系数 η	75	40	62.5	55.1	56.6

将表 4-4 中的总浮线系数与图 4-6 中各组织类型织物的屏蔽效能大小对比，证明在其他参数相同的情况下，电磁屏蔽织物屏蔽效能由浮线多少决定这一论断是正确的。对其他不同分组的 27 块电磁屏蔽织物样布进行了分析，采用浮线总系数 η 对织物的屏蔽效能进行评估排序，其中 25 块的排序与实测屏蔽效能的排序是一致的。这证明了在密度、纱支、金属含量等条件相同的情况下，用 η 值评估织物屏蔽效能大小的有效性。

四、小结

组织类型决定了纱线的排列交织方式，对电磁屏蔽织物的孔隙大小有着重要影响，是决定织物屏蔽效能大小的一个关键因素。

（1）对于基础组织，在密度、纱线支数、金属含量等参数一致的情况下，斜纹组织织物的屏蔽作用较缎纹组织好，平纹组织又比斜纹组织的屏蔽作用好。

（2）对于变化组织及复杂组织，在其他织物结构参数相同的情况下，浮线的多少是影响织物屏蔽效能的关键因素，浮线越多，织物越疏松，屏蔽纤维微观排列孔隙越大，织物的屏蔽效能越小。浮线越少，织物越紧密，屏蔽纤维微观排列孔隙越小，织物的屏蔽效能越大。

（3）根据浮线总系数 η 可对织物中的浮线多少进行计算，在织物其他结构参数相同时，可根据 η 较好地对任意织物的屏蔽效能大小进行评估。

第四节　线圈对电磁屏蔽针织物屏蔽效能的影响

本节针对线圈对针织电磁屏蔽织物的影响规律及机理展开研究，通过控制织物的组织结构、弯纱深度，以及屏蔽纤维的材料与含量，探索针织线圈排列形态、针织线圈大小以及针织线圈材质对织物屏蔽效能的影响，并揭示其机理。线圈参数的变化是导致织物性能变化的主要原因。因此，我们认为对线圈结构以及线圈各参数的研究对提升织物屏蔽效能是必要的。以此选择合适的线圈结构配位关系设计电磁屏蔽针织物。这为未来电磁屏蔽针织物的结构设计提供了新的思路。

一、实验

（一）实验材料

不锈钢长丝（7.6tex 不锈钢长丝，莱芜龙志金属纺纱厂），铜（33tex 铜长丝，莱芜龙志金属纺纱厂）和混纺纱线（32×2，涤纶/腈纶/尼龙/羊毛 47/25/20/8，捻度 15捻/10cm）并捻，编织针织面料。

采用 GE2-52C 电脑横机（12G，宁波慈星股份有限公司）编织样布，包括：①含有 1 根不锈钢长丝 220（弯纱深度）度目的平针织物、1+1 罗纹织物、2+2 罗纹织物、双罗纹织物、罗纹空气层织物。②含有 1 根不锈钢长丝，度目值分别为 180、200、220的 1+1 罗纹织物，双罗纹织物和罗纹空气层织物。③含有半根铜和不锈钢长丝 200 度目的罗纹织物和罗纹空气层织物。④含有 0 根、1 根、2 根、3 根不锈钢金属长丝的罗纹织物、罗纹空气层织物。实验试样如图 4-9（a）所示。

每个试样编织 5 个，重复测试。实验结果取平均值。

（二）实验测试

采用法兰同轴法屏蔽效能测试仪（DR-SO2，北京鼎容实创科技有限公司）利用同轴线中传播的横电磁模拟自由空间远场的传输过程，对织物的屏蔽效能进行测试。测试仪遵循 ASTM D4935—2010 标准，其测试系统如图 4-9（b）所示。

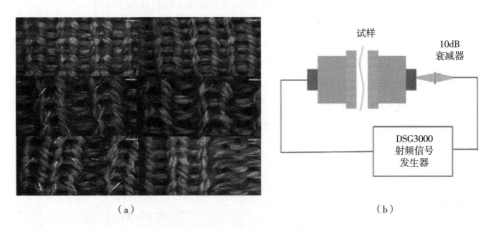

（a）　　　　　　　　　　　　　　（b）

图 4-9　　织物试样图与测试原理

采用脱圈法测量线圈的大小，测量织物一个横行 5cm 所用纱线长度，得出每个线圈所用的纱线长度。

横纵密度的测试，采用 Y511B 型织物密度镜测试。通过测试 5cm×5cm 织物的横列和纵行的线圈个数测得织物的横密及纵密。

测试织物厚度所用的仪器为织物厚度仪，织物表面电阻的测试采用单臂电桥法。当电桥处于平衡状态时，可以由公式（4-24）求出表面电阻 L：

$$L = \mu \times A \frac{N^2}{l} \tag{4-24}$$

式中，μ 为磁芯磁导率（H/m）；A 为磁芯截面积（m^2）；N 为线圈匝数；l 为磁路长度（m）。

二、结果与讨论

（一）线圈排列形态对屏蔽效能的影响

选择含单根 220 目不锈钢纱线不同线圈结构的针织物研究线圈排列形态对屏蔽效能的影响，具体见表 4-5。

表 4-5　　试样分组

针织物结构	平针	1+1 罗纹	2+2 罗纹	双罗纹	罗纹空气层
编号	A1	B1	C1	D1	E1

实验发现，罗纹空气层织物线圈结构的屏蔽效能最优，2+2 罗纹织物、纬平针织物、双罗纹织物、1+1 罗纹织物的屏蔽效能依次较差。如图 4-10 所示，5 种织物的屏

蔽效能都在低频段具有较高的屏蔽效能，其中罗纹空气层织物的屏蔽效能最高，出现两个波峰。在696MHz~3000MHz波段织物的屏蔽效能较小，变化平缓。纬平针、2+2罗纹和双罗纹织物的屏蔽效能相近，1+1罗纹的屏蔽效能最低，约为3dB。

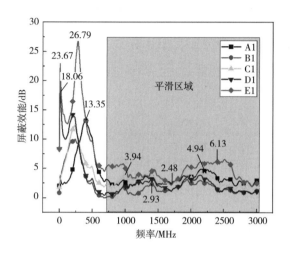

图4-10　线圈排列形态与屏蔽效能的关系

　　上述结果的产生是由针织线圈的排列形态所决定的。织物中线圈的形状，线圈的长度和宽度是导致针织织物尺寸变化的主要因素。图4-11是表4-5样布的编织图，由图中可以看出平针组织单针床线圈排列整齐，织物的经密大并且结构紧密。罗纹织物线圈在前后针床相错排列，较松散。罗纹空气层①路连接了②③路线圈，织物中间的空气层增大了电磁波的内部多次反射，对织物的总密度和厚度测试发现，纬平针织物的厚度远低于罗纹织物。因此，织物的厚度不是影响屏蔽效能的主要因素。

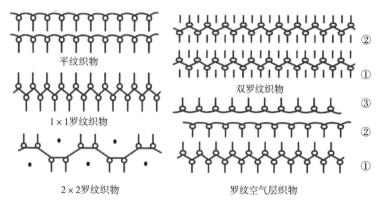

图4-11　线圈编织图

　　金属纱喂入后在织物表面构成金属网络，形成闭合电流，使得织物达到电磁屏蔽的作用。线圈的排列形态会影响织物表面电流的变化，如图4-12（a）所示，平针织物纬斜使得线圈的针编弧直径减小，并且线圈圈柱间的距离减小。金属纱线的接触点增多使得织物的导电性能增大。1+1 罗纹第二横列的线圈将第一横列的相邻的两个线圈分隔，使得相邻纵行的线圈不接触，金属纱线不导通，如图 4-12（b）所示。双罗纹织物同一横列上相邻线圈在纵向彼此相差半个圈高。相邻两个横列的线圈接触较少，金属纱线交联点减少造成导电纱线内部形成涡流环路较少，如图 4-12（c）所示的罗纹空气层组织，正面线圈和反面线圈在横向和纵向交错排列，织物的未充满系数小，使得直接穿过孔隙的电磁量大幅减少，如图 4-12（d）所示，织物表面的导电性增大，因此其电磁屏蔽效能最好。

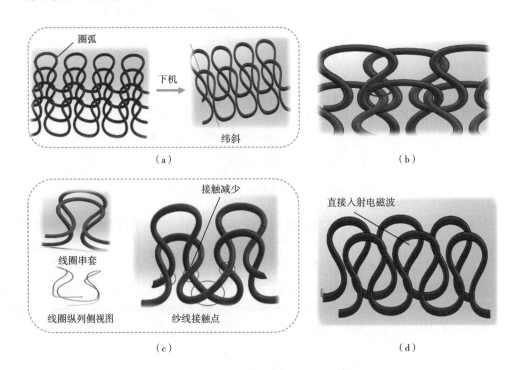

图 4-12　原理解析

（二）线圈大小对织物屏蔽效能的影响

为了考查线圈大小对织物电磁屏蔽效能的影响，每块试样选择了不同的线圈大小与度目值之比，具体见表 4-6。

表 4-6　试样分组及线圈大小与度目值之比

组织	编号（线圈大小/度目值）		
1+1 罗纹织物	B1（0.6166cm/220）	B2（0.5981cm/200）	B3（0.5556cm/180）
双罗纹织物	D1（0.5916cm/220）	D2（0.5835cm/200）	D3（0.5508cm/180）
罗纹空气层织物	E1（0.5397cm/220）	E2（0.5099cm/200）	E3（0.4814cm/180）

图 4-13 是线圈大小与织物屏蔽效能关系的变化曲线图，很明显，随着线圈变小，

织物的屏蔽效能逐渐增大，织物结构不同，屏蔽效能变化幅度不同。1+1罗纹织物的屏蔽效能变化最为明显，其次是双罗纹织物，罗纹空气层织物变化幅度最小。随着线圈变小，1+1罗纹织物的屏蔽效能在整个波段提升。双罗纹织物和罗纹空气层织物的提升幅度较小，频率为0~210MHz时，织物屏蔽效能变化较明显，但当频率大于190MHz时，随着频率的增大，180度目的织物屏蔽效能整体较高。

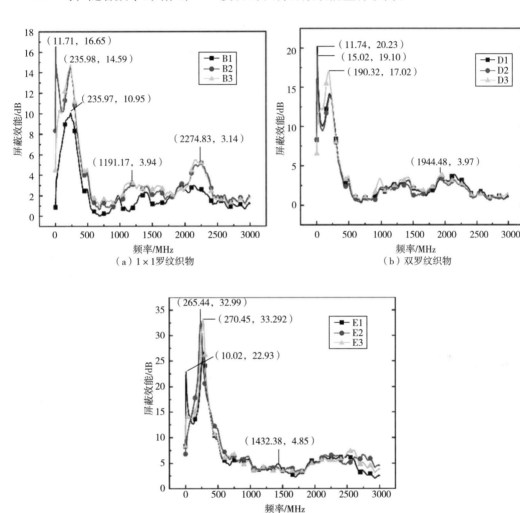

图4-13　线圈大小与织物屏蔽效能的关系

　　线圈大小对织物屏蔽效能的影响机理可以通过电磁等效电路理论进行解释。织物的线圈的相互嵌套连接在织物的表面构成等效电路，如图4-14（a）所示，金属纱线加捻后构成电感，金属纱线接触点构成电路的电阻，不同横列的纱线形成电容。由于纱线选用同种纱线，金属纱线捻度和直径相同，因此金属纱线磁芯磁导率、磁芯截面积和线圈匝数相同。织物表面电感的变化可以忽略不计，因此电容是影响织物表面电阻的主要因素，随着线圈变小，线圈之间排列紧密使得金属纱线界面交联点增多，交联面积增大，等效电路并联的电阻数量增多，电阻减小。进一步对织物表面比电阻进行测试，如表4-7所示，发现随着度目值的减少，1+1罗纹织物的表面比电阻变化最大，造成织物的屏蔽效能较大幅度提升，罗纹空气层织物的表面比电阻较小，电导率最强，织物表面产生的电流最强，织物的屏蔽效能最好。

表4-7 不同线圈长度织物表面电阻

组织	表面比电阻/Ω		
1+1罗纹织物	B1（793.85）	B2（144.35）	B3（141.08）
双罗纹织物	D1（172.12）	D2（169.80）	D3（110.15）
罗纹空气层织物	E1（30.25）	E2（18.71）	E3（16.74）

可以发现，线圈变小，织物的表面电阻减小，会直接影响织物的屏蔽效能。且线圈越小，织物的未充满系数越小。如图4-14（b）所示，度目值减少，线圈圈高的长度变化最为明显，忽略圈距的变化，罗纹空气层孔隙高约为罗纹织物的1/4，如图4-14（c）所示，使得罗纹空气层孔隙大小的变化远小于罗纹织物，孔隙大小变化越小，电磁波直接穿过织物孔隙的量越小，对织物的屏蔽效能影响越小，如式（4-25）所示。

$$H_p = H_0^{-\pi t/g} \tag{4-25}$$

式中，H_p 为通过孔隙泄漏在织物内部的磁场强度（A/m）；t 为织物的厚度（cm）；H_0 为总的磁场强度（A/m）；g 为织物表面孔隙的宽度（cm）。

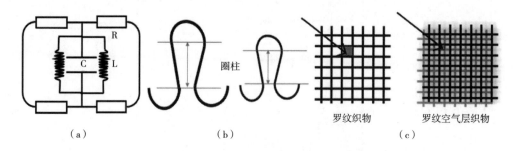

（a）　　　　　　（b）　　　　　　罗纹织物　　　罗纹空气层织物

（c）

图4-14 线圈大小影响屏蔽效能原因解析

（三）线圈金属材料对织物屏蔽效能的影响

200目含半根不锈钢长丝和铜长丝的1+1罗纹织物和罗纹空气层织物试样分组如表4-8所示。

表4-8 不同金属材料试样分组及织物表面比电阻

组织	编号（表面比电阻/Ω）	
	不锈钢	铜
1+1罗纹织物	B7（72.82）	B8（37.13）
罗纹空气层织物	E7（44.64）	E8（33.38）

分析含铜和不锈钢长丝线圈织物的屏蔽性能发现，采用含铜长丝编织的1+1罗纹织物和罗纹空气层织物的屏蔽效能较高。如图4-15所示，含不锈钢长丝1+1罗纹织物的屏蔽效能先上升至峰值后降低，维持稳定；含铜长丝1+1罗纹织物的屏蔽效能先上升后降低至峰谷再上升于峰值点屏蔽效能降低，最终维持稳定，最高屏蔽值达24dB。两种材料罗纹空气层织物电磁屏蔽效能图相似，都出现两个波峰。在550~3000MHz波段，含铜长丝编织的织物屏蔽效能皆高于不锈钢织物。0~500MHz波段，织物的屏蔽效能变化较大，图4-15中绿色区域为含不锈钢织物屏蔽效能较高处，蓝色区域为含铜长丝屏蔽效能较高处。两种含铜织物的屏蔽效能最高，相同织物屏蔽效能走势相似。可以发现织物导电性能主要受线圈结构的影响，金属材料主要影响织物屏蔽效能大小。由于铜的电阻率为 $1.75 \times 10^{-8} \Omega$ 远小于不锈钢织物的电阻率，因此考虑到金属电阻值的影响，对织物的表面比电阻进行测试，测试结果见表4-9。发现织物表面比电阻相差越大，织物屏蔽效能相差越明显。电阻越小，通过线圈导电网络的电流较多，织物的导电性好。随着线圈交错点增多，电阻并联数量增多，线圈材质对织物表面电阻的影响变小，对其屏蔽效能的影响也变小。但由于不锈钢金属元素构成复杂，具有一定的磁导性，可对部分电磁波进行吸收，因此不锈钢织物的屏蔽效能与含铜长丝织物的屏蔽效能值相差较小。

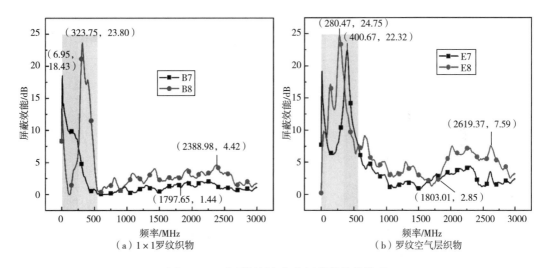

图4-15　金属材料与织物屏蔽效能的关系

（四）线圈金属含量对织物屏蔽效能的影响

线圈金属含量对织物屏蔽效能影响显著。通过控制金属纱线与混纺纱线并捻的根数控制金属的含量。对弯纱深度200的含0根、1根、2根、3根不锈钢长丝编织的1+1罗纹织物和罗纹空气层织物（试样分组如表4-5所示）的屏蔽效能进行测试发现：线圈金属部位交联数量是影响织物屏蔽效能波段的主要原因。忽略其他变量影响，金属含量是影响织物屏蔽效能大小的主要因素之一。其中1+1罗纹织物受屏蔽纤维含量的影响较为明显。如图 4-16 所示，含 1 根不锈钢长丝 1+1 罗纹织物的屏蔽效能与含 2 根不锈钢长丝 1+1 罗纹织物的屏蔽效能走势相似，含 3 根的屏蔽效能的峰值最大，高达 21dB。罗纹空气层织物的屏蔽效能走势与罗纹织物相似，均在 240MHz 左右屏蔽效能最高，其中含量为 3 根的织物屏蔽效能最高，屏蔽值可达 35dB。由于电阻的大小影响织物表面生成的电流的大小，金属线圈横截面积的变化会影响织物电阻，决定着织物表面电流的大小，因此对织物表面比电阻进行测试，见表 4-9，可以发现线圈金属含量越大，织物表面比电阻越小，织物的屏蔽效能最大值越大。

表4-9　不同金属含量试样分组及织物表面比电阻

组织	编号（表面比电阻/Ω）			
1+1 罗纹织物	B4（3197.30）	B2（141.08）	B5（71.64）	B6（57.16）
罗纹空气层织物	E4（5208.88）	E2（18.71）	E5（8.90）	E6（0.78）

　　由于 1+1 罗纹织物金属线圈之间的交联情况最差，随着不锈钢长丝的增多，金属线圈之间交联的概率增大，部分金属从不交联的状态，变为 1×1、2×1、2×2 相交（图 4-17）。并联电阻 R 的数量与大小同时增大，织物的表面电阻变化较大，织物屏蔽效能的变化幅度同时增大。罗纹空气层织物线圈交联面积增大，等效电路电阻 L、S 同时增大，织物表面电阻变化幅度较小，因此织物的屏蔽效能变化甚微。

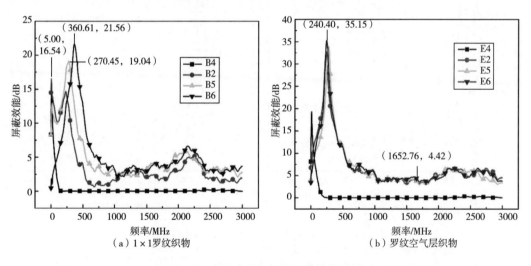

图 4-16　金属含量与织物屏蔽效能的关系

三、小结

　　（1）线圈排列形态是影响织物屏蔽效能频段和大小的主要因素。5 种针织物屏蔽效能大小为：罗纹空气层织物>2+2 罗纹织物>平针织物>双罗纹织>1+1 罗纹织物。对线圈的编织机理和下机形态与线圈之间的排列形态进行分析发现，其中，1+1 罗纹织物的线圈接触最差，罗纹空气层线圈之间交联复杂，接触紧密，织物的屏蔽效能最好。最终发现，相邻线圈之间的排列方式直接影响织物屏蔽效能，线圈与线圈金属纱线之间的交联越紧密，织物间孔隙越小，针织物的屏蔽效能越小。

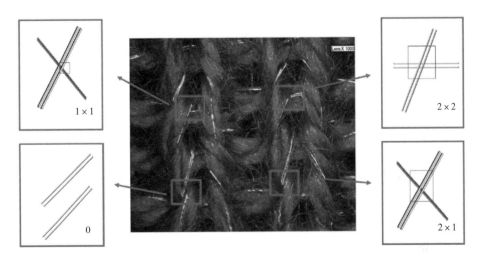

图4-17　1+1罗纹金属交联情况

（2）线圈大小、金属材料种类及金属含量是影响织物屏蔽效能的大小的主要因素。通过对织物表面电磁等效电路理论进行分析，发现线圈大小、金属材料、金属含量的变化会直接影响电阻的大小，进而影响电流的大小，使得织物的屏蔽效能产生变化。随着线圈大小的减少，线圈排列紧密，交联密切，电阻减小，织物的屏蔽效能提升，线圈之间的交联越紧密提升的幅度越小；选择小电阻，提升织物表面流通的电流量进而提升了织物的屏蔽效能；增大金属纱线含量可有效提升金属纱线的直径和接触面积，减小电阻以提升织物的屏蔽效能。

（3）线圈参数的变化会影响织物的表面比电阻值。线圈参数的变化会对织物的表面电阻产生影响，使得织物表面电流网发生变化，织物的屏蔽效能也会随之改变。

本节对针织物线圈展开研究，从线圈对织物屏蔽效能大小的影响进行研究，研究发现，线圈的排列形态，线圈与线圈的配位关系、大小，金属线圈的材料和含量都是影响织物屏蔽效能的关键因素。线圈排列越复杂，交联越紧密，织物屏蔽效能越好。可以考虑设计选用高含量、低电阻的金属材料编织线圈接触紧密，单位面积接触点多的织物结构提高织物屏蔽效能。这为电磁屏蔽针织物的生产设计提供了新的思路。

第五章

其他因素对电磁屏蔽织物屏蔽效能的影响

除了紧度、密度、组织结构等常规结构参数对电磁屏蔽织物屏蔽效能产生重要影响外，还有其他一些非常规因素对电磁屏蔽织物的屏蔽效能会产生极大影响，如屏蔽纤维含量、孔隙率、极化方向等。事实上，其他因素本质上还是和常规结构参数有着内在联系，如屏蔽纤维含量决定性因素之一就是紧度、密度及组织结构，而孔隙率则与紧度、密度及组织结构参数同样有着密切关系。但是，其他因素作为一种具体的参数，其单独考虑有着重要意义，在很多场合和条件下是考核电磁屏蔽织物的重要指标。如屏蔽纤维含量，往往决定了织物成本和重量以及热传导等属性，而孔隙率在很多场合则是衡量织物透湿透气性的重要指标，因此这些参数必须给予单独考虑。而极化方向更是关系到织物各向性的重要环境条件，决定了织物能否在一些场景正常应用，所以也必须单独讨论。本章对此展开讨论，探索屏蔽纤维含量与电磁屏蔽织物屏蔽效能的关系、灰度孔隙率对电磁屏蔽织物屏蔽效能的影响及极化方向对含圆孔电磁屏蔽织物屏蔽效能的影响等问题，以期进一步丰富电磁屏蔽织物理论，为其设计、生产及评价提供参考。

第一节　屏蔽纤维含量与电磁屏蔽织物屏蔽效能的关系

本节针对屏蔽纤维含量及排列对电磁屏蔽织物的影响规律进行研究，首先给出了织物中金属含量的计算方式以及需要考虑的与屏蔽纤维排列有关的织物参数。随后，设计实验，测试不同织物屏蔽纤维含量和排列与织物屏蔽效能的关系。通过分析与讨论，从理论上阐述屏蔽纤维对屏蔽效能的影响机理，得出屏蔽纤维含量与排列对织物屏蔽效能的一般规律，为电磁屏蔽织物的设计与评价提供参考。本节从纤维微观排列层面阐述了影响织物屏蔽效能的因素，解释了密度、织物厚度及织物组织对电磁屏蔽织物屏蔽效能影响的机理。

一、屏蔽纤维特征参数的描述

根据电磁理论，屏蔽纤维的屏蔽方式可分为反射、多次反射和吸收，大多数屏蔽依赖于反射。织物中屏蔽纤维含量与排列是影响电磁波反射、多次反射及吸收特性的重要因素，因此必须通过织物的参数特征对屏蔽纤维含量与排列进行描述。前文曾对单位面积金属含量的计算机识别进行了讨论，与该指标类似，本节采用单位面积屏蔽纤维含量 C_m（g/m^2）描述织物的屏蔽纤维含量的大小，并探究其与织物屏蔽效能的关联。

（一）单位面积屏蔽纤维含量宏观排列指标

图 5-1 表示单位面积屏蔽纤维含量的含义，设 D_w、D_v 分别为织物的纬密和经密

（根/10cm），Tt 为织物纱线特克斯数（tex），P 为纱线中屏蔽纤维的含量（%）。则有式（5-1）：

$$C_m = \frac{(D_w + D_v) \times Tt \times P}{100} \tag{5-1}$$

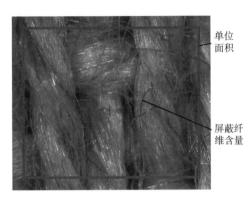

图 5-1　单位面积屏蔽纤维含量示意

（二）屏蔽纤维的排列参数

式（5-1）仅简单地给出了织物单位面积的金属含量，由于织物结构参数的不同，相同的屏蔽纤维含量可能会有不同的排列结构，会对织物的屏蔽效能产生不同的影响。因此，对屏蔽纤维排列的描述除了纬密 D_w、经密 D_v 外，还给出了等效厚度 T 及孔隙率 P_g，可采用式（5-2）表示：

$$T = \frac{C_m}{\rho} \tag{5-2}$$

式中，ρ 表示屏蔽纤维的体积密度（kg/m³）。

（三）孔隙率

孔隙率可采用式（5-3）表示：

$$P_g = \varphi \sqrt{Tt}(D_w + D_v - 0.01 \times \varphi \sqrt{Tt \times D_w \times D_v}) \tag{5-3}$$

式中，φ 表示纱线的直径系数。

式（5-2）用来衡量屏蔽纤维在织物厚度方向的等效分布尺寸。其含义是：假设将 1m² 织物中的所有屏蔽纤维熔融后重新制作成一个 1m² 的金属薄板，该薄板的厚度即为 T。

式（5-3）的含义是：单位面积织物中屏蔽纤维之间所有孔隙面积占总面积的比例。

二、实验方法

采用 21S 不锈钢屏蔽纤维混纺纱（不锈钢纤维 25%，棉 35%，涤纶 40%），用 SGA598 小样织机生产平纹、斜纹及缎纹组织样布，采用织物密度测试仪 Y511B 对所织造的织物密度进行测试，选择密度相同的平纹、斜纹及缎纹共 3 块织物为一组，按照密度值归类成 10 组分析样布。该 10 组样布的具体参数见表 5-1。

表 5-1 实验所准备的样布及其单位面积屏蔽纤维含量

编号	经纬密度/(根/10cm)	单位面积屏蔽纤维含量/(g/m^2)
1	340×220	38.86
2	320×300	43.04
3	380×300	47.20
4	400×340	51.36
5	420×380	55.52
6	320×240	38.86
7	360×260	43.04
8	350×330	47.20
9	420×320	51.36
10	440×360	55.52

织物的屏蔽效能获取参照第二章公式（2-11）所示计算方法，样布屏蔽效能的测试亦采用第二章第一节中的测试方法。

三、结果与讨论

（一）孔隙率相同时单位面积屏蔽纤维含量对屏蔽效能的影响

图 5-2 是表 5-1 中每组样布的屏蔽效能变化图。

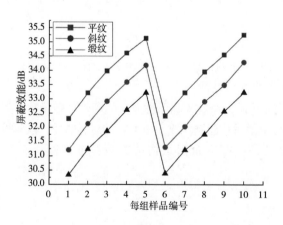

图 5-2 表 5-1 中各块样布的屏蔽效能值 （f=2400MHz）

从图 5-2 可以看出，当组织类型和纱线金属含量一致时（例如图中的第 1 组 ~ 第 5

组，第6组~第10组），织物的屏蔽效能随单位面积金属含量呈近似正比关系，满足式（5-4）：

$$SE \approx \kappa C_m \qquad (5\text{-}4)$$

式中，κ 是金属含量比例系数。这一点也可通过式（5-2）得到说明，当单位面积金属含量增加时，等效厚度 T 也随之增加，织物阻挡电磁波的能力自然会提高。反之亦然。

根据式（5-1）可得，单位面积金属含量与织物经密及纬密之和呈正比，因此，织物的屏蔽效能与织物的总密度也呈正增长关系。设织物的总密度为 D_t（根/10cm），将式（5-1）代入式（5-4）得式（5-5）：

$$SE = \kappa C_m = \kappa \frac{(D_w + D_v) \times \mathrm{Tt} \times P}{100} = \frac{\kappa \times \mathrm{Tt} \times P}{100} D_t \qquad (5\text{-}5)$$

令 $\kappa' = \dfrac{\kappa \times \mathrm{Tt} \times P}{100}$，则 $SE \approx \kappa' D_t$ （5-6）

式中，κ' 是总密度比例系数。式（5-6）说明，在组织类型、纱线支数及金属含量一致的情况下，织物的屏蔽效能与总密度呈近似正比关系。若预先根据实验测试出 κ' 在织物不同参数时的值，则在设计电磁屏蔽织物时，可根据 κ' 值及织物的设计总密度来快速评估电磁屏蔽织物的屏蔽效能。

上述现象的产生是由电磁波的特性决定的。总密度增加时，式（5-3）所给出的孔隙率 P_g 将减小。根据电磁理论，屏蔽体在有孔隙时会发生泄漏，孔隙越大则泄漏越多。当织物总密度增大时，纱线之间的孔隙变小，电磁波的泄漏也会减少，因此屏蔽效能会增加。而当单位面积屏蔽纤维含量增加时，对电磁波的反射及吸收也增加，因此织物的屏蔽效能随之增加。

（二）单位面积金属含量一致时经纬密度变化对织物屏蔽效能的影响

在表5-1所列样布组中，当单位面积屏蔽纤维含量相同，但经纬密度不同时平纹、斜纹及缎纹样布的屏蔽效能变化如图5-3~图5-5所示。

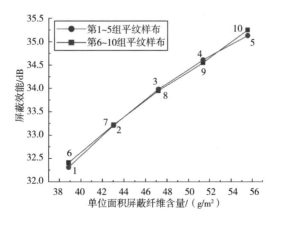

图5-3 单位面积屏蔽纤维含量相同但密度不同时平纹组织样布的屏蔽效能

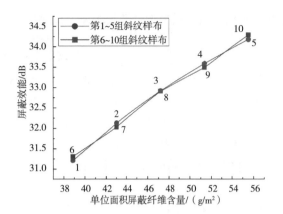
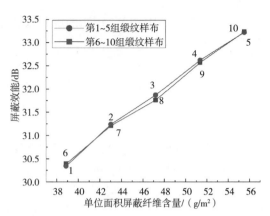

图 5-4　单位面积屏蔽纤维含量相同但密度　　　图 5-5　单位面积屏蔽纤维含量相同但密度
　　　不同时斜纹组织样布的屏蔽效能　　　　　　　　不同时缎纹组织样布的屏蔽效能

从上述 3 图中可以发现一个有趣的现象，即对于某一基础组织，若其纱线细度及纱线金属含量一致，当纬密及经密变化时，如果单位面积屏蔽纤维含量一致，即总密度一致，则其屏蔽效能是一致的。例如，图 5-3~图 5-5 中的第 1 组与第 6 组总密度相同，即单位面积金属含量是一致的，虽然经纬密度不同，但却具有同样的屏蔽效能。第 2 组与第 7 组、第 3 组与第 8 组、第 4 组与第 9 组、第 5 组与第 10 组，均是单位面积金属含量一致，经纬密度不一致，但屏蔽效能基本相同。

我们认为这种现象是由织物的毛羽决定的。因为当某种织物的纱支一致且总密度一致时，无论该织物的经密、纬密如何变化，单位面积纱线的总根数是不变的。虽然经密、纬密变化时，织物的交织点不同，但由于纱线之间的毛羽存在，其孔隙仍然有较多的屏蔽纤维存在，从而连成了一个导体，使纱线内部的屏蔽纤维在整个织物面积内联系到一起，仍然共同发生作用对电磁波进行屏蔽。因此即便经密、纬密度不同，只要单位面积屏蔽纤维的含量一致，就意味着发挥作用的所有纤维数量是一致的，具备基本相同的屏蔽效能。

（三）组织类型对屏蔽效能的影响

当单位面积金属含量相同时，不同组织织物的电磁屏蔽效能大小是不一样的。其中平纹最大，斜纹次之，缎纹最小。其中平纹与斜纹的屏蔽效能之间的差异比斜纹与缎纹之间的差异要稍大。我们认为这种现象是由织物的浮线引起的。图 5-6 是平纹、斜纹及缎纹的组织图，其中平纹经组织点和纬组织点在任何方向均是交替出现，没有浮线。而斜纹由于存在两个经组织点或纬组织点连续出现两次的现象，因此出现浮线。缎纹则会存在两个经组织点及纬组织点连续出现多次的现象，因此浮线更长。浮线不能紧密地与邻近纱线贴紧，容易产生缝隙，根据电磁波理论，无论电磁波的极化方向如何，任何缝隙的存在都能导致电磁波的透过，缝隙越大则透过的电磁波越多。因此，浮线越多，电磁波透过越多，织物的屏蔽效能越小。

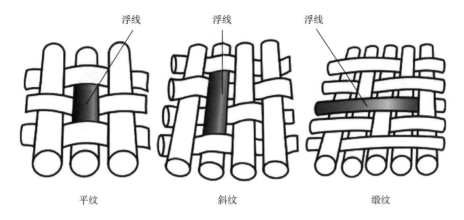

图 5-6　平纹斜纹缎纹的浮线示意图

四、小结

（1）在其他参数不变的情况下，织物的屏蔽效能与单位面积屏蔽纤维含量呈正增长关系。单位面积金属含量越多，织物的屏蔽效能越大。

（2）织物单位面积屏蔽纤维含量一致时，组织类型对织物屏蔽效能的影响取决于浮线的长短。基础组织中平纹的屏蔽效能最大，斜纹次之，缎纹最小。

（3）对于同一块织物，即其单位面积屏蔽纤维含量保持恒定时，频率与屏蔽效能呈负增长关系。频率越大，织物的屏蔽效能越小。

（4）对于织物的单位屏蔽纤维含量、组织类型及纱支支数相同的情况，无论经密、纬密如何变化，只要总密度相同，织物的屏蔽效能就基本相同。

第二节　灰度孔隙率对电磁屏蔽织物屏蔽效能的影响

本节提出采用计算机图像分析技术科学快速地自动识别电磁屏蔽织物的实际孔隙大小，为电磁屏蔽织物的后续研究提供正确依据。构建了一种新的灰度孔隙率指标，并讨论了其识别方法。通过实验对灰度孔隙率与紧度指标进行对比，分析了灰度孔隙率对织物屏蔽效能的影响，得出本节所提的方法不需已知条件、能快速准确地描述织物孔隙实际大小的结论。

一、理论分析

根据前文所述，屏蔽效能可采用式（5-7）进行计算：

$$SF = 20\lg\frac{U_0}{U_S} \qquad (5-7)$$

式中，U_0 为无屏蔽体时某一频点的幅值；U_S 为存在屏蔽体时相同频点的幅值。

根据电磁学原理，孔隙会引起电磁波泄漏，使 U_S 增加，从而使式（5-7）中的屏蔽效能减小。孔隙对电磁强度的影响可按式（5-8）计算：

$$H_{np} = 4n\left(\frac{S}{A}\right)^{\frac{3}{2}} H_0 \qquad (5-8)$$

式中，S 为每个孔的面积（mm）；A 为屏蔽板面积（mm），且 $A \gg S$；H_{np} 为通过 n 个孔洞泄漏的磁场强度（A/m）。显然，孔洞面积越大，数量越多，磁场泄漏就越严重。因此，孔隙对电磁屏蔽织物的影响巨大。

从另一个角度分析，在发射频率相同的情况下，电磁屏蔽织物的屏蔽效能由自身的厚度 t（cm），相对磁导率 μ_r，相对电导率 σ_r 决定，这些参数与织物单位面积屏蔽纤维的排列有关，而孔隙是屏蔽纤维排列结构中的一个重要因素，因此对电磁屏蔽织物的屏蔽效能有着重要影响。

对于织物，目前衡量孔隙的指标主要采用织物总紧度 E_z 表示，其含义是织物中经纬纱所覆盖的面积与织物总面积之比的百分率，表示为式（5-9）：

$$E_z = E_t + E_w - 0.01 \times E_t \times E_w \qquad (5-9)$$

式（5-9）中的 E_t、E_w 需要知道织物的密度、纱线粗细及纱线直径系数等参数才能得出，这些参数均需烦琐的实验测得，从而使紧度的计算速度大为降低。更重要的是，式（5-9）是一种理论计算，没有考虑实际中纱线毛羽对孔隙产生的覆盖影响。图 5-7（a）是实际孔隙的状态，内部有大量毛羽，因此会遮盖孔隙使其变小。图 5-7（b）中是紧度所计算的孔隙，仅考虑密度、纱线本身参数，没有考虑纱线之间的毛羽对孔隙产生的影响，所以不能正确描述织物的实际孔隙大小。

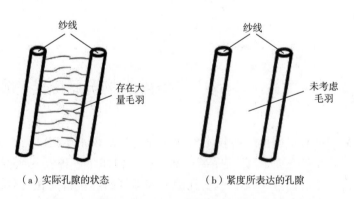

（a）实际孔隙的状态　　　　　（b）紧度所表达的孔隙

图 5-7　实际孔隙与紧度计算所得孔隙之间的区别

综上，紧度指标对织物孔隙的表达是不准确的，只有根据织物的实际情况分析所得的孔隙才能准确表达织物的孔隙状况，正是基于此，本节提出采用计算机图像分析技术识别任意电磁屏蔽织物的孔隙实际大小。

二、电磁屏蔽织物的灰度模型

（一）电磁屏蔽织物图像的获取

采用扫描仪等设备获得的电磁屏蔽织物图像中孔隙往往难以分辨，如图5-8（a）所示。为了更准确地分析图像，用高清数码显微镜对电磁屏蔽织物进行拍摄以获取图像，并采用线性增强方法对图像进行预处理，如图5-8（b）所示。很明显，图中黑色部分为孔隙部分，只要根据图像处理方法对孔隙进行识别，即可得到织物的孔隙大小。

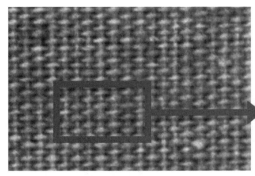

（a）扫描仪所获得的原图（300ppi）　　　　　　（b）显微镜所获得的原图（50倍）

图5-8　电磁屏蔽织物图像获取方法对比

（二）电磁屏蔽织物图像的数字化模型构建

设图像由 $N×M$ 个像素点组成，以图像左下角顶点 o 为原点，图像的水平方向为 x 轴，垂直方向为 y 轴，图像各像素的灰度值为 z 轴建立空间三维坐标系统。其中 x、y 轴取值为自然数，z 轴取值区间为 $[0，255]$。设图像每个像素点的灰度值为 $f(x，y)$，$\delta(x，y)$ 表示对每个像素点的灰度取样函数，可根据 RGB 颜色系统中的 R、G、B 三个参数或者其他参数算出像素点的灰度值。其中 x、y 表示每个区域起始点的横纵坐标。设区域横向增量为 Δx，纵向增量为 Δy，则有式（5-10）[2]：

$$F(x，y) = \sum_{i=0}^{N} \sum_{j=0}^{M} \delta(x - i\Delta x，y - j\Delta y) \tag{5-10}$$

通过该模型的建立，将图像分解成若干像素点，并根据每个像素点的灰度对图像进行数字化表示，形成图像灰度矩阵。设该矩阵为 $\boldsymbol{F}_{\mathrm{m}}$，可由式（5-11）表示：

$$\boldsymbol{F}_{\mathrm{m}} = |f(x_i，y_j)|_{N×M} \tag{5-11}$$

（三）单灰度波及总灰度波

单灰度波指按每行或每列各像素点的灰度大小所绘制的波形，其横坐标代表行或列中像素点的编号，纵坐标代表各个像素点的灰度。其中第 a 行的单灰度函数 $F_a(j)$ 可表示为式（5-12）：

$$F_a(j) = f(a, j), j \in [1, M] \tag{5-12}$$

第 b 列的单灰度函数 $F_b(i)$ 可表示为式（5-13）：

$$F_b(i) = f(i, b), i \in [1, N] \tag{5-13}$$

总灰度波为某个方向的灰度平均值的变化波形。其中横向总灰度波的函数为式（5-14）：

$$F_{g\_w}(j) = \frac{\sum_{i=1}^{N} f(i, j)}{M} \quad (1 \leqslant j \leqslant M) \tag{5-14}$$

纵向总灰度波的函数为式（5-15）：

$$F_{g\_h}(i) = \frac{\sum_{j=1}^{M} f(i, j)}{N} \quad (1 \leqslant i \leqslant N) \tag{5-15}$$

三、孔隙隶属区域的确定

图 5-9 是一个平纹组织电磁屏蔽织物在放大 50 倍后的孔隙图，其上有很多可疑孔隙区（见图中圆圈部分）。其中一部分是真孔隙，由纱线交织而产生，其特征是灰度值非常低。另一部分是假孔隙，由纱线交错及扭曲产生局部凹陷使区域灰度降低而产生。假孔隙的存在使真孔隙的识别产生干扰，因此需根据织物特征将真孔隙的区域范围先找出来，然后在这个区域范围内继续分析以确定真孔隙的实际大小。

可疑孔隙区

图 5-9　光学显微镜下拍摄的电磁屏蔽织物照片（50 倍）

为了排除假孔隙的影响，结合织物特点通过横向及纵向总灰度波双向判断的方法确定存在孔隙的正确区域，本节称为孔隙隶属区域。在该区域内的低灰度区被认为是真孔隙，而该区域之外的低灰度区被认为是假孔隙。如图 5-10 所示，由于纱线的直线特征，使真孔隙存在的位置必然在横向及纵向的某个矩形区域内。通过式（5-14）求得织物图像的横向总灰度波，其灰度谷值区域代表了整个图像的低灰度区域，必然是纱线交织在经向形成的多个真孔隙的集合，因此该区域是织物纵向真孔隙存在的隶属区域。通过式（5-15）求得织物图像的纵向总灰度分布波，其灰度谷值区域必然是织物纬向孔隙多个真孔隙的集合，因此也是真孔隙存在的隶属区域。不在上述矩形区域零星出现的假孔隙不会形成集合，在总灰度波上对应位置不可能出现波谷，因此被有效排除。

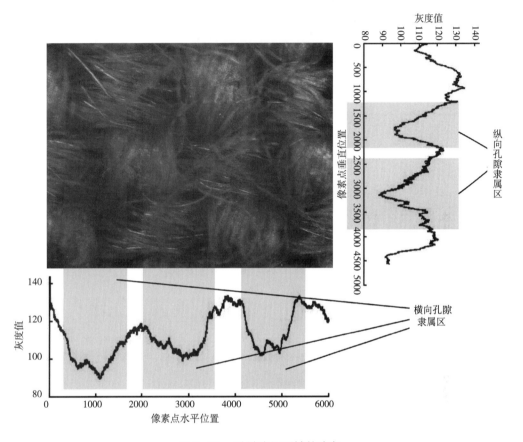

图 5-10　孔隙隶属区域的确定

四、灰度孔隙率的具体识别

如图 5-11 所示，在孔隙隶属区域内，根据式（5-12）及式（5-13）逐行和逐列依次提取图像的横向单灰度波及纵向单灰度波，图 5-12 是其中一行的横向单灰度波及一列的纵向单灰度波。孔隙点的特征是它既是横向单灰度波的局部最低点，同时也是纵向单灰度波的局部最低点，因此需要确定每个单灰度波的局部谷值，然后根据横向及纵向单灰度波进行双向判断，若一点既属于横向单灰度波的孔隙区又属于纵向单灰度波的孔隙区，则认为该点为真正的孔隙点。

由于图像灰度值变化的复杂性，灰度波中会出现很多局部波谷，给判断真正的波谷造成了影响。本节采用二次求极值的方法解决该问题。

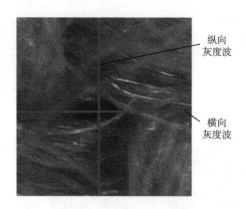

纵向
灰度波

横向
灰度波

图 5-11　横纵向单灰度波的获取

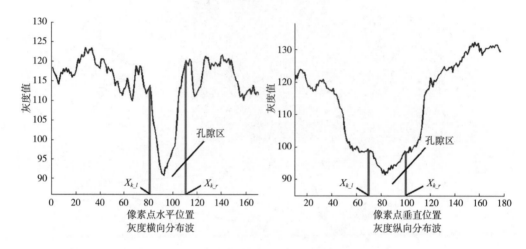

图 5-12　横向单灰度波和纵向单灰度波

设 $F(x)$ 是灰度波的函数，令 $F(x) = 0$，对该方程两边分别求导得式 (5-16)：

$$F'(x) = 0 \qquad (5-16)$$

设式 (5-16) 解的个数为 S，对应的灰度值为极值，表示为 $g(x_1)$, $g(x_2)$, …, $g(x_S)$，其中任意一个解表示为 $g(x_k)$。令 E_{avg} 为极值平均值，表示为式 (5-17)：

$$E_{avg} = \frac{\sum_{k=1}^{S} g(x_k)}{S} \qquad (5-17)$$

则灰度谷值为式 (5-18) 所示集合：

$$\{g(x_k) < E_{avg}\} \qquad (5-18)$$

设 $F_L(x)$ 是式 (5-18) 的函数，令 $F_L(x) = 0$，对两边求导，得到式 (5-19)：

$$F'_L(x) = 0 \qquad (5-19)$$

设式 (5-19) 的解个数为 S'，表示为 L_k，$k \in [1, S']$，则 L_k 为所求的真正谷值。

设 L_k 对应的横坐标为 X_k，在式 (5-16) 中所有解中与 X_k 相邻的左右真局部峰值为 H_{k_l} 及 H_{k_r}，其对应的坐标为 X_{k_l} 及 X_{k_r}，则以真谷值 L_k 为核心的孔隙区的区间满足式 (5-20)：

$$C_k = [X_{k\_l}, X_{k\_r}] \tag{5-20}$$

设织物图像所有孔隙隶属区域的横向单灰度波的数量为 a，纵向单灰度波的数量为 b，则根据式（5-16）~式（5-19）所得的横向及纵向单灰度波的所有孔隙区间满足式（5-21）及式（5-22）：

$$C_{ik} = [X_{ik\_l}, X_{ik\_r}], i \in [1, a] \tag{5-21}$$

$$C_{jk} = [X_{jk\_l}, X_{jk\_r}], j \in [1, b] \tag{5-22}$$

其中，i，j 分别为横向单灰度波及纵向单灰度波的编号。

设图像上任意一点为 P，其坐标为（P_x，P_y），则当满足式（5-23）时：

$$P_x \in C_{ik} \text{ 和 } P_y \in C_{jk} \tag{5-23}$$

点 P 为孔隙点。

设通过式（5-16）~式（5-23）分析所得的孔隙点的数量为 T_{C_P}，织物图像的总像素点为 T_{sum}，则织物的灰度孔隙率 C_{ratio} 如式（5-24）所示：

$$C_{\text{ratio}} = \frac{T_{C\_P}}{T_{\text{sum}}} \times 100\% \tag{5-24}$$

五、灰度孔隙率与紧度参数的对比

通过实验对灰度孔隙率与织物紧度进行比较。选择 31.25tex 的 15% 不锈钢纤维与棉的混纺纱，与上海安琪儿纺织公司合作生产不同紧度、不同组织的电磁屏蔽织物以制作测试样布。在这些样布中准备平纹、斜纹及缎纹电磁屏蔽织物各 10 块，通过方正 F5600 扫描仪获取每块织物的图像。根据本节方法采用 MATLAB7.0 编写程序对图像进行自动识别，得到每块织物的孔隙率 C_{ratio}。采用 YG871 密度仪测试这 30 块样布的经密 D_v（根/10cm）及纬密 D_w（根/10cm），每块样布的纱线线密度 Tt（tex）及直径系数为 ρ（经纱和纬纱直径系数），将这些参数代入式（5-9），可得织物的紧度 E_z 如式（5-25）所示：

$$E_z = \rho \sqrt{\text{Tt}}(D_v + D_w - 0.01 \times D_v \times D_w) \tag{5-25}$$

采用符合度 U 描述计算机图像分析技术所得的 C_{ratio} 与式（5-25）计算的紧度 E_z 之间的差异，具体如式（5-26）所示：

$$U = \frac{C_{\text{ratio}}}{E_z} \times 100\% \tag{5-26}$$

采用本节方法识别每块样布的 C_{ratio}，然后测试其紧度 E_z，根据式（5-26）计算每块样布的符合度 U，求每类织物组织中所有样布的符合度 U 的平均值，得出结果见表 5-2。

表 5-2　每类组织中所有样布的符合度 U 的平均值

织物组织	平纹	斜纹	缎纹
样布数量	10	10	10
符合度 U 平均值/%	87.7	86.5	82.3

表 5-2 显示，平纹、斜纹、缎纹组织的灰度孔隙率 C_{ratio} 均比紧度 E_z 小。原因是前者针对织物的实际孔隙情况进行识别，未将毛羽覆盖区域计算为孔隙，导致其数值比紧度小。由表中也可看出，平纹的符合度 U 最大，斜纹次之，缎纹最小，表明织物组织越紧密，毛羽对孔隙大小的影响越小，灰度孔隙率与紧度指标越接近。

六、灰度孔隙率对屏蔽效能的影响

采用符合 ASTM D4935—2010 标准的波导管 BJ22 测试每块样布的屏蔽效能。得出孔隙率 C_{ratio} 及 E_z 与屏蔽效能之间的变化关系，如图 5-13~图 5-15 所示。

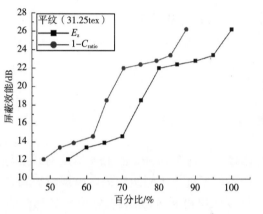

图 5-13　平纹组织孔隙率 C_{ratio}、紧度 E_z
与屏蔽效能的变化曲线

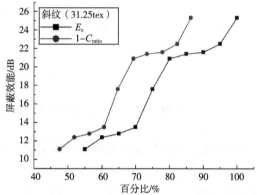

图 5-14　斜纹组织孔隙率 C_{ratio}、紧度 E_z
与屏蔽效能的变化曲线

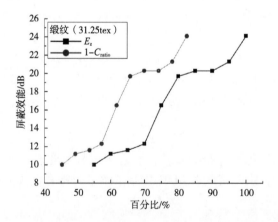

图 5-15　缎纹组织灰度孔隙率 C_{ratio}、紧度 E_z 与屏蔽效能的变化曲线

由图 5-13~图 5-15 可以看出，无论是采用灰度孔隙率 C_{ratio} 还是紧度 E_z，织物屏蔽效能的变化规律是不变的，都是随着孔隙的增加，织物的屏蔽效能先在一个很低的水平缓慢增长，然后快速增加，最后达到稳定，即屏蔽效能均有缓慢增加、快速增加、

趋于稳定三个状态。所不同的是，用灰度孔隙率 C_{ratio} 表达织物的孔隙大小时，上述三个过程均比用紧度 E_z 表达织物孔隙大小时提前来临。

七、小结

紧度是衡量电磁屏蔽织物孔隙大小的常用方法，需要知道织物的密度、纱线粗细、直径系数等参数，计算过程较为烦琐，且计算结果是理论结果，不能反映孔隙大小的实际情况。本节所提出的灰度孔隙率的识别建立在计算机自动识别的基础上，不需要预先知道任何参数，更能准确描述织物的实际孔隙大小，因此比紧度更具优越性。

本节所提出的灰度孔隙率更能准确描述织物的实际覆盖率，而且其识别简单快速，不需预知任何条件，为进一步分析纤维之间的排列结构奠定基础，从而更好地为研究电磁屏蔽织物屏蔽效能等电磁特性提供参考。

（1）采用计算机图像分析方法可建立电磁屏蔽织物的灰度数字化模型，提取出横向及纵向的总灰度波及单灰度波。根据总、单灰度波采用双向判断可确定真正孔隙的隶属区域，并能在孔隙隶属区域内自动识别灰度孔隙率。

（2）灰度孔隙率与紧度指标对屏蔽效能的影响变化曲线保持一致，屏蔽效能随这两个指标变化时均有缓慢增加、快速增加、趋于稳定三个状态，但灰度孔隙率对屏蔽效能的影响要比紧度提前。

（3）灰度孔隙率考虑到了纱线毛羽及交错覆盖等因素，符合实际的孔隙的状态，因此一般比紧度指标要小。灰度孔隙率不需要预知织物密度、纱线粗细及直径系数等条件，可直接采用计算机图像分析技术分析获得，对任意电磁屏蔽织物的孔隙识别均适用。

第三节　极化方向对含圆孔电磁屏蔽织物屏蔽效能的影响

本节制作含不同直径圆孔的电磁屏蔽织物样布，运用小窗法对其屏蔽效能进行垂直极化及水平极化的实验测试。根据电磁屏蔽原理分析极化方向不同时电磁波频率变化对含圆孔电磁屏蔽织物的影响规律，进而探索频点相同时圆孔大小对电磁屏蔽织物屏蔽效能的影响规律，以及频点相同且样布相同时，极化方向变化对该样布的屏蔽效能的影响规律。本节结论对含圆孔电磁屏蔽织物的产品设计具有一定的参考价值。

一、实验

（一）测试方法

采用北京鼎荣的 DR-S04 小窗法屏蔽效能测试箱对样布进行垂直及水平两个极

化方向的屏蔽效能测试。该设备符合 GJB 6190—2008 测试标准，有效测试频率为 1~18GHz，测试距离选择为 135cm，试样尺寸为 40cm×40cm。样布固定方向为纬纱与地面垂直，经纱与地面水平。调整发射天线以改变电磁波的极化方向，其中电场方向垂直于地面为垂直极化波，平行于地面为水平极化波。图 5-16 是其测试原理图。

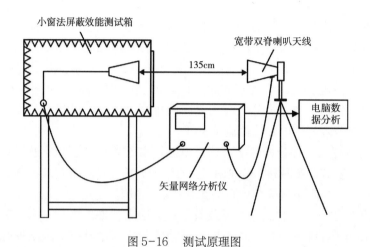

图 5-16　测试原理图

（二）样布制作

选择不锈钢混纺织物制作样布，参数如表 5-3 所示。选择圆孔直径为 0~25cm，每隔 5cm 制作一块样布，编号分别为 A~F，具体如表 5-4 所示。

表 5-3　试样织物参数

面料名称	试样大小	纱线英制支数	经密/（根/10cm）	纬密/（根/10cm）
30%不锈钢 30% 涤纶 40%棉混纺面料	40cm×40cm	21 英支/21 英支	125	86

表 5-4　圆孔大小方案

面料编号	测试方案	圆孔直径/cm
A		0
B		5
C	垂直极化测试 水平极化测试	10
D		15
E		20
F		25

二、结果与分析

（一）不同极化方向时频率对含圆孔电磁屏蔽织物屏蔽效能的影响

图 5-17 是 1GHz~18GHz 宽频段频率范围内极化方向不同时各个样布屏蔽效能随频率的变化图。从图中可以看出，无论是垂直极化还是水平极化方向，含圆孔织物的屏蔽效能随频率变化的特征包含整体趋势及局部趋势两个方面。从整体趋势来看，每块样布的屏蔽效能均随频率增加而呈现递减，但在 14GHz~16GHz 频段范围会出现一个急剧上升再下降的趋势。这种现象可用不锈钢纤维本身电磁参数会跟随频率及周围场的变化而发生改变这一特性来解释。针对本节样布中的不锈钢纤维规格及在纱线中的排列方式，在 14GHz~16GHz 范围其电导率会因为频率变化及周围的不锈钢纤维二次场的影响出现急剧增加，使织物的整体导电性能大幅上升，从而提高了织物的屏蔽效能。从局部趋势来看，样布的屏蔽效能随频率的变化呈现上下起伏的波动形态，局部波峰及波谷交替出现，我们认为出现这种情况的原因是在不同频段范围内，电阻分量在该范围低频时起屏蔽的主要作用，电容分量在该范围高频时起屏蔽的主要作用，因而引发了屏蔽织物在局部范围内，有时随频率的增加而增加，有时随频率的增加而减小的现象。

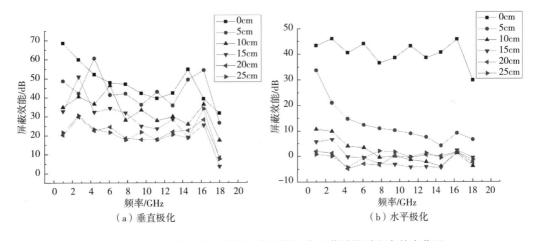

（a）垂直极化　　　　　　（b）水平极化

图 5-17　含圆孔电磁屏蔽织物宽频范围内屏蔽效能随频率的变化图

（二）相同频点时圆孔直径对屏蔽效能的影响

图 5-18 是随机选取相同频点时，各块样布屏蔽效能随圆孔直径大小的变化。从图中可以看出，在相同频点下，对于不同的极化方向，电磁屏蔽织物的屏蔽效能均随圆孔直径的增大而呈现降低趋势。对于水平极化方向，这种降低趋势更加明显，当圆孔直径超过 10cm 时，面料的屏蔽效能基本降低为 0。由于单个频点下屏蔽效能可能会有测试误差存在，采用求每块样布在 1GHz~18GHz 范围内的屏蔽效能平均值进行对比更

能说明这种情况，图 5-19 给出了在频率 1GHz~18GHz 范围内不同圆孔尺寸的电磁屏蔽织物样布在垂直及水平极化方向的平均屏蔽效能变化趋势。相比于无圆孔面料，垂直极化方向时屏蔽效能均值随着圆孔直径的增大，分别下降了 6dB、14dB、19dB、26dB、27dB，水平极化方向时屏蔽效能均值随着圆孔直径的增大，分别下降了 32dB、42dB、44dB、44dB、44dB。可见，整体频率范围内的屏蔽效能均值与圆孔尺寸大小的变化规律是和单个频点下的规律一致的，其中水平极化方向的下降值较为明显。上述现象可以采用电磁屏蔽理论解释：一方面，当电磁屏蔽织物中出现圆孔时，此时织物的整体导电性能被破坏，无法顺利产生感应电流，从而使自身的屏蔽效能降低；另一方面，当入射电磁波波长大于孔洞时，由于电磁耦合作用电磁波产生泄漏，使织物的屏蔽效能降低，当波长小于孔洞时，则会全部通过织物，使织物基本没有屏蔽作用。

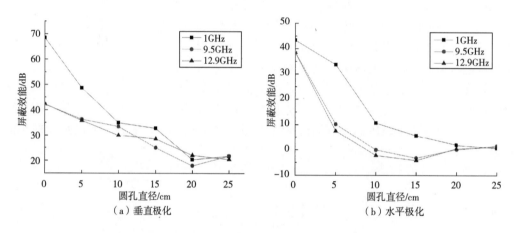

图 5-18　不同频点时圆孔直径对织物屏蔽效能影响

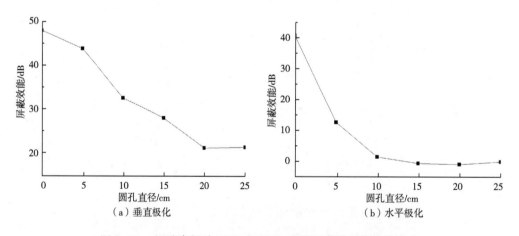

图 5-19　圆孔直径对 1GHz~18GHz 频段屏蔽效能均值的影响

（三）极化方向对含圆孔织物屏蔽效能的影响

目前对电磁屏蔽织物屏蔽效能的研究大多设定信号源为平面波，这其实与实际电

电磁屏蔽织物模型及性能

磁环境不相符。现实生活中，很多情况下电磁波都是按一定极化方向传播的，对于同一对象，由于其各向异性的存在，极化方向不同可能会导致该对象的屏蔽效能也不同，这一点在实际应用中要着重考虑。本节所设计的含圆孔电磁屏蔽织物就显示了这一特性，从上述图 5-17~图 5-19 可以看出，所有样布在水平极化方向入射时，其屏蔽效能比垂直极化方向入射时要低很多。图 5-20 进一步选择了其中无孔洞织物及圆孔为 5cm、15cm 及 25cm 的 3 块样布进行对比，可以更直观地看出极化方向对屏蔽效能的影响。

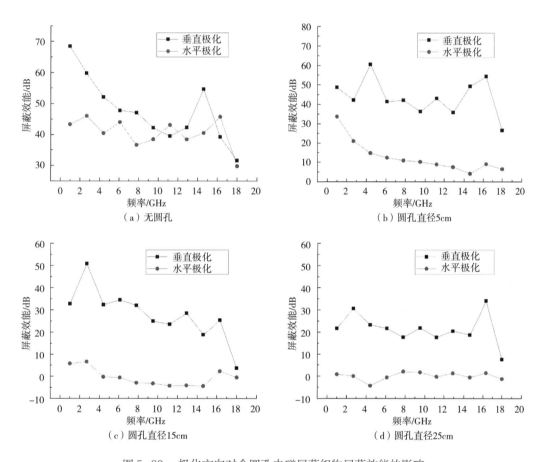

图 5-20　极化方向对含圆孔电磁屏蔽织物屏蔽效能的影响

　　我们认为，造成这种现象的原因主要是织物的各向异性，而这种各向异性的根源在于电磁屏蔽织物经纬密度的差异。经纬密度的差异导致织物在不同方向单位长度内具有不同大小的孔隙，即导致在各个方向上单位长度内分布的屏蔽纤维数量和排列形态不一致。对于本节所设计的样布及实验固定方式，当电磁波为垂直极化方向时，其电场矢量强度方向与样布的经纱相垂直，由于经密大，单位长度的屏蔽纤维多，孔隙小，使织物可以较好地"抵御"电场强度的"切割"，从而具有较高的屏蔽效能。当电磁波为水平极化方向时，其电场矢量强度方向与样布的纬纱垂直，由于纬密较小，单位长度的屏蔽纤维少，孔隙大，使织物不能很好地"抵御"电场强度地"切割"，从而屏蔽效能较小。

由于测试时样布的固定角度可以改变，使经纱方向与地面或水平或垂直，故采用经密和纬密分析极化方向对屏蔽效能的影响容易混淆。为此本节引入"纱线排列致密方向"，如图5-21所示，无论是经纱还是纬纱，本节规定与排列较为紧密的纱线相垂直的方向即为纱线排列致密方向，当极化波方向与该方向一致时则为"与纱线排列致密方向平行"，与该方向垂直则为"与纱线排列致密方向垂直"。

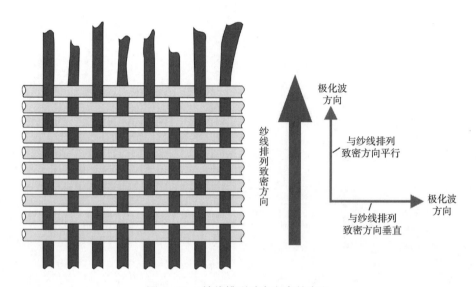

图5-21　纱线排列致密方向的定义

根据纱线排列致密方向的定义，上述分析可以描述为：当频率相同时，样布在垂直极化方向及水平极化方向的屏蔽效能具有明显的差异；当极化方向与纱线排列致密方向一致时，含圆孔电磁屏蔽织物具有较高的屏蔽效能；当极化方向与纱线致密方向垂直时，样布则具有较低的屏蔽效能。

三、小结

（1）含圆孔电磁屏蔽织物在1GHz~18GHz的宽频范围，屏蔽效能随频率的增加而整体趋势降低，局部趋势则是屏蔽效能交替增加和降低。

（2）在1GHz~18GHz的宽频范围中的任一频点，含圆孔电磁屏蔽织物的屏蔽效能均随圆孔的直径而降低，直径超过一定尺寸后，屏蔽作用会基本消失。

（3）极化方向对含圆孔电磁屏蔽织物的屏蔽效能影响较大，当极化方向与织物纱线排列致密方向一致时，织物的屏蔽效能较高，反之，屏蔽效能较小。

第六章

——。

电磁屏蔽织物的性能提升

到目前为止，大多数电磁屏蔽织物均是依靠反射电磁波的方式达到屏蔽作用。这种屏蔽方式一是会使透过织物的电磁波在屏蔽腔体内发生多次反射产生干扰场强，甚至会发生谐振腔效应，从而降低织物的屏蔽效果；二是被反射的电磁波不仅影响周围的相关设备仪器及人员，造成二次污染，还会导致被防护目标极易被探测系统捕获。上述问题形成的原因是电磁屏蔽织物普遍不能在具有良好屏蔽效能的同时具有吸波性能，这已成为电磁屏蔽织物应用的瓶颈，急需得到解决。

电磁屏蔽织物性能的提升主要包括两个方面，一是不断提高其屏蔽效能；二是使之具有吸波特性。这样才能使电磁屏蔽织物既有优良的防护作用，同时也尽量避免发生其他负面的作用。达到上述目标的方法目前主要有三种，一是使用新材料，例如，添加石墨烯、碳纤维等方法；二是进行巧妙的结构设计，例如，超材料结构、多层结构等；三是后整理方式，如采用吸波微粒对织物进行后整理等。本章主要针对后整理方式进行研究，讨论多层金属烯、铁氧体微粒、聚苯胺等介质对电磁屏蔽织物的后整理方法以及对其电磁性能的影响。

第一节　多层金属烯对电磁屏蔽织物电磁性能的提升

金属烯是继石墨烯之后兴起的又一类具有二维层状结构的先进材料，最初由美国德雷塞尔大学的 Yury 教授等人在 2011 年发现，其性能优良，在很多领域有着巨大应用潜力。若能采用金属烯等先进材料在染整环节以高效简便的工艺对电磁屏蔽织物的电磁性能进行提升，将有望解决目前电磁屏蔽织物存在的瓶颈问题。然而金属烯复杂的制备工艺及昂贵的成本使其在这方面的应用受到限制，如何采用低成本、简易高效的方法在染整环节对织物进行金属烯整理，是迫切需要进行的工作。

本节提出一种在染整环节添加少量金属烯微介质以提升电磁屏蔽织物屏蔽效能及吸波性能的新方法。采用高效低成本方法制备多层金属烯并配置分散液对各种电磁屏蔽织物在染色或者染色之后进行浸渍整理，通过对性能的测试及分析，研究金属烯对电磁屏蔽织物电磁性能的影响规律和机理，从而为柔性电磁材料电磁性能的提升提供一条新路径。

一、实验

（一）多层金属烯制备

目前，金属烯的相关研究主要涉及智能穿戴系统的感应器、超级电容器、光电极或者光催化剂等方面，在电磁屏蔽领域的应用研究近年逐渐受到重视，学者 Faisal、Qing、Han、Liu 等人从不同角度研究了金属烯（Ti_3AlC_2）的电磁性能，证明了其在电磁干扰屏蔽领域有着潜在的应用价值。然而金属烯在电磁屏蔽织物领域的研究却鲜有报道，目前仅有通过涂层方式将金属烯整理到棉织物上以获取织物屏蔽效能的个别报道。

MXene 材料的制备使用最多的方法是利用氢氟酸进行刻蚀，这种方法得到的 MXene 微观结构呈现类风琴状。刻蚀过程中发生的化学反应如下：

$$Ti_3AlC_2 + 3HF = AlF_3 + \frac{3}{2}H_2 + Ti_3C_2 \tag{6-1}$$

$$Ti_3C_2 + 2H_2O = Ti_3C_2(OH)_2 + H_2 \tag{6-2}$$

$$Ti_3C_2 + 2HF = Ti_3C_2F_2 + H_2 \tag{6-3}$$

上述方法成本高、产率低且容易造成环境污染，所以推广难度较大。虽然还有高温分解法、化学气相沉积法等方法，但也存在条件较为苛刻、引入大量杂质、产出率不高等问题，因而难以普及。为了寻求温和无害的制备方法，研究人员们发现在用盐酸和氟化锂混合液刻蚀的过程中，F^- 和 H^+ 会在前驱体的表面原位生成 HF，该方法避免了使用高浓度的氢氟酸可能带来的危险，但同样能达到刻蚀的目的。本节采用该方法制备多层金属烯，使之能在染整环节对织物进行浸渍整理。

（1）如图 6-1（a）所示，将 15mL 盐酸（AR，36%～38%，中国阿拉丁试剂有限公司）加入蒸馏水中，制备 6mol/L 溶液（共 30mL），倒入聚四氟乙烯烧杯中；向该烧杯中添加 2g（相当于 5mol/L）氟化锂（99.99%，中国阿拉丁试剂有限公司），用磁性聚四氟乙烯搅拌棒将混合物持续搅拌 5min 以溶解盐。

（2）如图 6-1（b）所示，在 10min 内缓慢多次地将 3g Ti_3AlC_2（200 目，98%，中国凯烯陶瓷有限公司）粉末加入其中，并搅拌均匀。

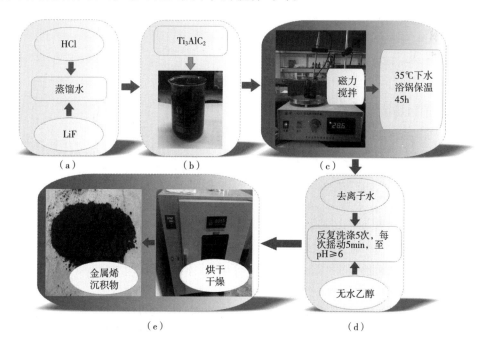

图 6-1　多层金属烯制备过程

（3）如图 6-1（c）所示，将烧杯放入水浴锅（HH-2，南通宏大实验仪器有限公司）中保温，使反应在 35℃下保持 45h。

（4）如图 6-1（d）所示，保温结束，取出烧杯，分别加入去离子水和无水乙醇手动摇动振荡除去混合物中的杂质，重复至少 5 次，当 pH≥6 之后完毕。

（5）如图 6-1（e）所示，将得到的墨绿色沉淀过滤，放入电热鼓风干燥箱中干燥，得到固体多层金属烯沉积物。

（二）浸渍整理实验

选用代表性电磁屏蔽织物开展实验，包括不锈钢混纺及镀铜镍电磁屏蔽织物两大类，将电磁屏蔽织物分别剪成 7cm×12cm 的样布待用，具体步骤为：

（1）按实验比例要求将一定量金属烯（$Ti_3C_2T_x$）粉末加入去离子水中，同时加入合适剂量的偶联剂及分散剂，配制实验要求浓度的分散液。

（2）将配好的分散液用保鲜膜密封好，然后超声处理 1h。

（3）将布样分别浸渍在金属烯分散液中 5min。

（4）将布样取出放置在烘干机中烘干，然后重复步骤（3）及步骤（4）2~3 次。

（三）性能测试

采用场发射扫描电子显微镜（美国 FEI 的 Quanta-450-FEG 型）在 20kV 加速电压下对制备出的 $Ti_3C_2T_x$ 粉末和浸渍整理前后的电磁屏蔽织物进行表征，观察其结构与微观形貌。采用矢量网络分析仪（美国安捷伦科技有限公司，N5232A）和波导管（西安恒达微波技术开发公司，BJ84/B140）对织物的电磁屏蔽效能及吸波性能进行测试。

二、结果与分析

（一）金属烯微观形貌及结构特征

图 6-2 为采用本节方法所制备 $Ti_3C_2T_x$ 的 SEM 形貌表征。图中显示金属烯存在较为明显的层状结构特征，且层片厚度均匀，同时也存在许多深浅不同的凹陷坑，表明制备 $Ti_3C_2T_x$ 较为成功。另外也发现一些残留前驱体，经过反复试验，发现图 6-1 中步骤（2）及步骤（3）的搅拌速度对残留前驱体 Ti_3AlC_2 的影响较为重要，在加入 Ti_3AlC_2 时搅拌速度应保持在 400r/min 以上，在水浴锅中保温时，也应保持较低的持续均匀转速，一般不超过 50r/min。另外，各个试剂应遵循严格的比例，其中，HCl：HO_2 的体积比为 1∶1，LiF：HO_2 的质量体积比为 1g∶15mL，LiF：Ti_3AlC_2 的质量比为 1∶1.5。

层状结构及凹陷结构对其吸波性能的影响较为重要。层片越多，电磁波入射后在金属烯内部的多次反射也越多，势必会增加电磁波的多次反射损耗，从而提高金属烯的吸波性能。同样，凹陷坑的增多也使电磁波在坑体周围的界面上发生多次反射，从而产生损耗，提高了其吸波性能。

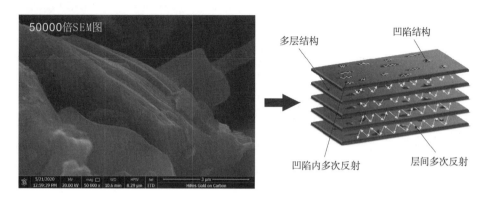

图 6-2　金属烯的 SEM 图及结构示意

（二）电磁屏蔽织物整理前后的微观形貌表征

经过整理后的电磁屏蔽织物在宏观上基本保持一致，但在微观结构方面出现了明显变化，即金属烯微介质分散黏着到织物的内部及表面。对于不同的织物类型，其黏着方式有所区别。图 6-3 是两块具有代表性电磁屏蔽织物整理前后的电镜图，其参数见表 6-1，整理所用多层金属烯分散液的浓度参数为 5mg/mL。

表 6-1　代表性电磁屏蔽织物参数

样品号	1	2
类型	混纺类	镀层类
成分及含量	不锈钢 30% 涤纶 70%	铜镍镀层 100% 涤纶
密度/（根/10cm）	110×72	120×110
纱线英制支数/英支	41	75
厚度/mm	0.20	0.12
织物组织	平纹	平纹
克重/（g/m²）	120	70

图 6-3（b）、图 6-3（c）是样布 1 及样布 2 整理前的 SEM 图，图 6-3（e）及图 6-3（f）是样布 1 及样布 2 整理后的 SEM 图。图中显示浸渍过后的 1 号织物的纱线上明显附着了金属烯，且大多数渗入纱线内部，由范德华力和纤维之间的氢键驱动金属烯附着在纤维表面的各个方向。而 2 号织物纱线排列整齐，且本身纱线上就镀有铜镍金属层，因此在浸渍整理后金属烯微介质很难渗入纱线的纤维之间，而是大多数黏附在织物的表面，且呈现不连续状态，其黏着力主要来自范德华力及偶联剂的黏附力。

很明显，金属烯微介质在不同类型的电磁屏蔽织物中的分布是不同的，对于混纺类电磁屏蔽织物，微介质主要夹在纤维之间或黏附在纤维表面之上。而对于镀层类电磁屏蔽织物，由于其成型后统一进行诸如铜镍等的镀层处理，导致金属烯微介质难以渗入到纤维之间，仅在表面进行附着。

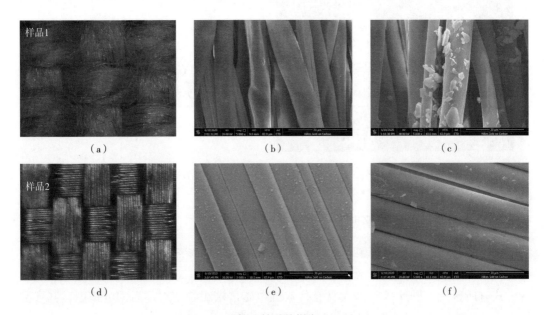

图 6-3　整理前后的样布 SEM 图

（三）织物的电磁屏蔽效能

图 6-4 是电磁屏蔽织物整理前后屏蔽效能的变化。1 号织物在浸渍整理后屏蔽效能在 6.57GHz～18GHz 频段内都有一定的提升，幅度达到 2～6dB，在 6.6GHz 时达到峰值 69dB。2 号织物在浸渍整理后屏蔽效能在 6.5GHz～16GHz 的频段内都有显著的提升，一般提升幅度达到 10dB 左右，在 6.6GHz 达到峰值 78dB。

屏蔽效能之所以能提高，我们认为其主要原因如下：金属烯对织物进行整理后，由于其本身多层及凹陷特征导致对电磁波的吸收增加，即使织物的吸收损耗增加。而金属烯微介质在织物中与纤维互相交错的排列形态，也导致电磁波在织物内部的多次反射有较大增加，即多次反射损耗增加。另外，由于金属烯有效使织物内部的纤维的电联通增加，既增加了导电性，也使得对电磁波的反射损耗增加，由于屏蔽效能与反射损耗、吸收损耗及多次反射损耗成正增长关系，因此在这三项均有所增加的综合作用下，金属烯整理后的电磁屏蔽织物会出现屏蔽效能提升的效果。

（四）织物的吸波性能

图 6-5 是电磁屏蔽织物在吸波性能方面的变化。1 号织物低频段中，整理后的织物的吸波性能较之前变化不大，但在 9.7GHz 左右出现峰值，达到 -16dB。高频段中，整理后织物的吸波性能出现了大幅度的增强，增强趋势随着频率的升高先增大后减小，

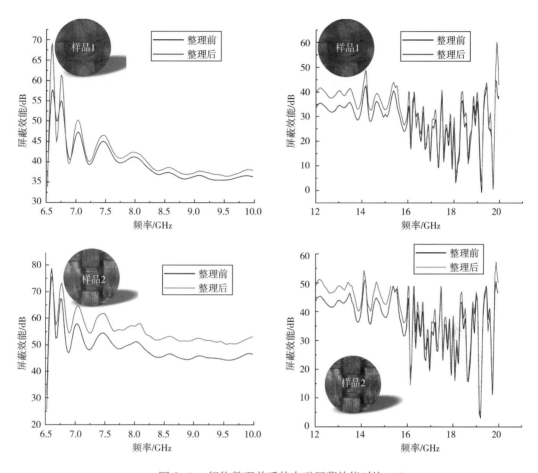

图 6-4　织物整理前后的电磁屏蔽效能对比

最高到达了−12dB。这是由于整理后的织物附着金属烯,而金属烯的层状及凹陷结构导致入射电磁波在其内部发生了多次反射,即吸收损耗增加,使织物的整体吸波性能增强。同时金属微介质与屏蔽纤维之间交互排列,使织物内部的多次反射也相应增加,即多次反射损耗增加,从而也使织物的吸波能力提高。

2号织物吸波性能也有一定变化。低频段中整理前后织物的吸波性能变化不大,在7.3GHz~7.6GHz有较大增强,9.7GHz频点可达到−15dB。在高频段中,吸波性能呈现出波动趋势,在12.3GHz~14GHz出现较大增强,最高达到了−11dB左右,在15GHz之后则整体变化不太明显。这也是因为虽然金属烯的多层及凹陷特点对电磁波有较好的吸收作用,即提升了吸收损耗。但是2号织物作为镀铜镍织物,附着金属烯较少,尤其是较少渗入纤维之间,导致金属烯和织物的屏蔽纤维之间难以达到充分的相互交错,不能增加织物内部的多次反射,即无法提高多次反射损耗,因此整体来说吸波性能提升幅度不是很大。但是,从样布2的变化图中可以看出,在低频段及高频段均出现了较大峰值,显示虽然整体吸波性能提升不大,但对某个特定范围,例如7.3GHz~7.6GHz及12.3GHz~14GHz两个频段,吸波性能提升非常显著,这说明金属烯在与镀铜镍类的织物作用过程中,对局部频段的提升作用明显。

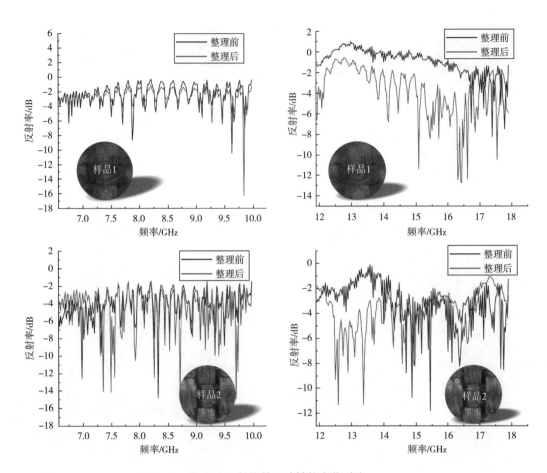

图 6-5　织物的吸波性能变化对比

（五）织物电磁屏蔽性能的影响因素

通过反复实验，无论是在染色时添加金属烯分散液还是染色后对织物进行金属烯浸渍整理，金属烯微介质在电磁屏蔽织物中的分布主要有两种形态，如图 6-6 所示，一是渗入纤维之间，二是大多数在织物表面，前者主要适合混纺织物，后者主要发生在镀层织物上。很明显，无论上述哪种情况，金属烯微介质自身性能、大小、数量、排列方式、与织物材料匹配程度等因素都会对织物的电磁性能产生影响。

图 6-7 是将多层金属烯浓度提高到 30mg/mL 后代表性织物 2 整理前后的 SEM 及电磁性能对比。图 6-7（a）金属烯浓度为 5mg/mL，图 6-7（b）金属烯浓度为 30mg/mL，可以看到浓度大的织物表面上附着了大量的金属烯微介质。然而对其进行测试，却发现浓度增加时屏蔽效能仅有较小提升，如图 6-7（c）及图 6-7（d）所示，吸波性能几乎没有提升，如图 6-7（e）及图 6-7（f）所示。多次实验发现，金属烯浓度的增加有一个合理范围，超过这个范围即使再增加金属烯的附着，也无法提升电磁屏蔽织物的性能，这一特点也为其应用在染整环节提供了优点，使其能快速有效且成本低廉。另外，在染色过程中添加金属烯整理液和染色后添加金属烯整理液均可达到本节所述

结果，进一步表明了本节方法应用在染色环节的有效性。

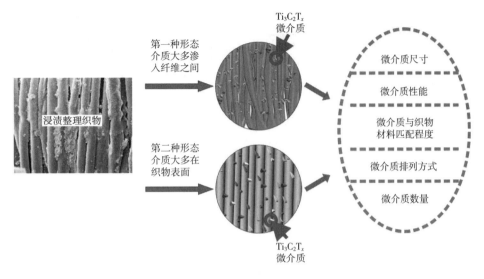

图 6-6　金属烯分布形态及整理后电磁屏蔽织物电磁性能影响因素

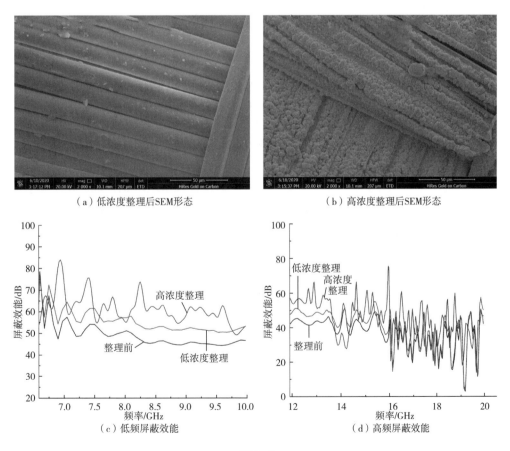

（a）低浓度整理后SEM形态　　　　　　（b）高浓度整理后SEM形态

（c）低频屏蔽效能　　　　　　（d）高频屏蔽效能

图 6-7

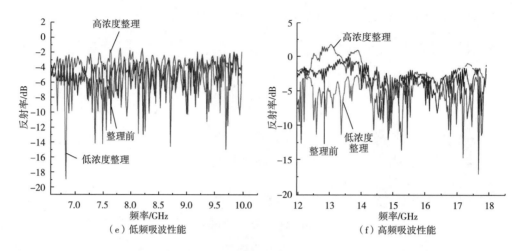

图 6-7　金属烯含量不同时样布 2 的 SEM 及电磁性能对比（见文后彩图 2）

然而由于目前技术及理论模型的限制，上述影响因素对电磁屏蔽织物的影响规律及影响机理还很难以明确，实验显示其规律较为复杂且难以预测，后续将在这方面做更多的工作。

三、小结

（1）通过盐酸和氟化锂原位生成氢氟酸的方法刻蚀 Ti_3AlC_2 可制备出多层金属烯 $Ti_3C_2T_x$，其内部呈现出明显的层状及凹陷结构，且层片厚度均匀。

（2）配制金属烯分散液对不同类型的电磁屏蔽织物进行浸渍整理，一般会出现两种形态，对于混纺织物以渗入纤维之间及附着在纤维表面为主，对于镀层织物以在织物表面为主。

（3）多层金属烯整理后，混纺型织物在 6.57GHz~18GHz 频段屏蔽效能提升 2~6dB，镀层织物在 6.57GHz~16GHz 频段内屏蔽效能提升 10dB 左右，两种类型织物都在 6.6GHz 附近达到峰值，分别为 69dB、78dB 左右。

（4）多层金属烯对电磁屏蔽织物的吸波性能在高频段有明显的增强作用。对于混纺型织物，增强趋势随频率升高先增大后减小，低频段在 9.7GHz 频点最高达到 -16dB，高频段在 15GHz~16.7GHz 最高可达到-12dB；对于镀铜镍织物呈现波动趋势，在低频段 7.3GHz~7.6GHz 有一定增强，9.7GHz 频点可达到 -15dB，在高频段 12.3GHz~14GHz 之间出现较大增强，最高达到了-11dB 左右。

（5）本节方法适合织物染色时进行及染色后进行，采用少量金属烯就可以较好提升电磁屏蔽织物屏蔽效能又能使之具有吸波特性，具有低成本、高效简单的特点，其效果令人满意。

铁氧体微粒对电磁屏蔽织物屏蔽及吸波性能的提升

本节首次尝试将吸波性能较好的铁氧体微粒通过渗透方式植入电磁屏蔽织物中，测试了不同整理条件下制得织物的屏蔽效能和反射率，分析了整理后织物屏蔽性能和吸波性能的变化规律，通过试验数据分析讨论了交联剂不同参数对织物电磁屏蔽性能及吸波性能的影响，为电磁织物性能提升提供了参考。

一、试验

（一）试验材料

200目、500目及1250目铁氧体微粒（四氧化三铁，河北江钻焊接材料有限公司），分散剂低聚丙烯酸钠（含量95%，邹平县德林新材料科技有限公司），CS-311钛酸酯偶联剂（南京创世化工助剂有限公司），氢氧化钠溶液（纯度≥98.0%，天津市光复科技发展有限公司），不锈钢短纤混纺织物（200g/m³，聚酯纤维/棉/不锈钢纤维47.9/33.8/18.3，斜纹，不锈钢纤维直径6μm，长度12mm，青岛志远翔宇功能性面料有限公司）。

（二）主要试验仪器

YL-060S型超声波振荡器（深圳市语路清洗设备有限公司），HH-8型恒温水浴锅（宁波江南仪器厂），KeyenceVK-X110型形状测量激光显微镜［基恩士（中国）有限公司］，DR-S04型小窗法屏蔽效能测试系统（北京鼎容实创科技有限公司，1GHz~18GHz），DR-R01型弓形法反射率高精度测试系统（北京鼎容实创科技有限公司，1GHz~18GHz），DHG-9076A型电热恒温鼓风干燥箱（上海精宏实验设备有限公司），JA3003型精密电子天平（温州方圆仪器有限公司），YG701D型全自动洗涤设备（宁波纺织仪器厂），配制试剂所需的烧杯、量筒等。

（三）交联剂配制及样布制作

交联剂配制一般步骤：称取一定的钛酸酯偶联剂、蒸馏水，配制成50mL溶液，再加入一定的分散剂低聚丙烯酸钠与铁氧体，用氢氧化钠溶液滴定，调节溶液pH值至7，进一步加入蒸馏水使溶液配制成500mL。将配制的渗透溶液超声振荡30min，直至形成大小均匀、颗粒微小分散的强交联剂。

不锈钢织物预处理：裁剪40cm×40cm的织物浸泡于配制好的20g/L氢氧化钠溶液

中，于恒温水浴锅内 75℃加热 1h，烘干备用。预处理后的织物在渗透溶液中浸泡、烘干，重复 3 次，得到待测试样布。

洗涤试验：将整理后的织物在全自动洗涤设备进行清洗，洗涤液按 GB/T 13174—2008《衣料用洗涤剂去污力及循环洗涤性能的测定》配制，洗涤时间设定 10min，洗涤温度 30℃，漂洗 2 次，脱水后烘干。

二、结果与分析

（一）交联剂处理后的电磁屏蔽织物性能及微观特征

图 6-8 是显微镜拍摄处理得到的织物局部放大的纤维拆解照片，可以发现铁氧体微粒稳定分布在不锈钢织物的纤维表面，且经试验测试洗涤 10 次之后仍可以保持较为稳定的状态，说明其具有良好的持久性。从图 6-8 也可看出，铁氧体较为均匀地附着在织物内部的纤维表面，夹杂在纤维之间，但易形成颗粒团聚，导致局部铁氧体的颗粒实际大小发生变化。多次试验表明，虽然采用了超声振荡器、分散剂等多种方法，但颗粒团聚到目前还无法有效避免，这一现象也成为影响铁氧体微粒交联剂对电磁屏蔽织物整理效果的一个重要因素。

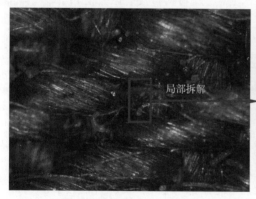
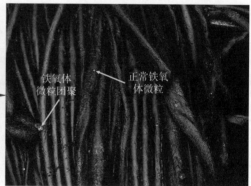

（a）整个样布微观图（100倍）　　　　（b）局部拆解图（1000倍）

图 6-8　铁氧体微粒在织物内部的附着特点

采用多种不同参数的铁氧体微粒交联剂对 34 块不锈钢电磁屏蔽样布进行了整理。通过进一步实验发现，交联剂的参数会改变铁氧体的排列形态，从而对织物屏蔽效能及吸波性能产生影响，下面进行具体分析。

（二）铁氧体含量对电磁屏蔽织物屏蔽性能的影响

图 6-9 是低聚丙烯酸钠含量 3.5g，钛酸酯含量 1.4g 时，不同铁氧体含量对织物屏蔽效能的影响。从图 6-9 中可以看出，在小于 11GHz 的频段，铁氧体含量对织物屏蔽效能的影响整体上并不明显，但在大于 11GHz 的频段，铁氧体显著提升了织物的屏蔽

效能，尤其是在 11GHz~15GHz 频段，屏蔽效能提升 6dB 以上。其中铁氧体含量 2.10g 时对织物的屏蔽效能提升最为明显，这说明铁氧体的增加应适度，过低或过高，织物屏蔽效能的提升效果均不明显。

图 6-10 是铁氧体含量对织物反射率的影响曲线。可以看出，不同含量铁氧体赋予织物吸波性能的最佳频段是不同的，含量为 2.10g 时，吸波性能最好的是 6GHz~12GHz 频段，含量为 4.20g 时，吸波性能最好的是 11GHz~16GHz 频段的反射；而含量 1.05g 时，在 1GHz~18GHz 全频段对织物的吸波性能均有提升，但效果并不明显。这显示，随着铁氧体含量的增加，织物整体的吸波性能有一定提高，但最佳吸波频段则有所变化。

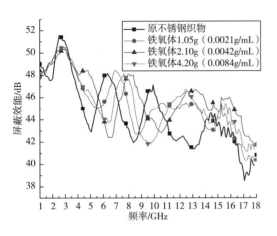

图 6-9　铁氧体含量对屏蔽效能影响

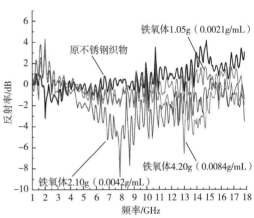

图 6-10　铁氧体含量对吸波性能影响

从上述分析可知，铁氧体的添加对织物的屏蔽效能及反射率整体上均有提升作用，但提升大小并非正比或反比关系。这应该是由以下几点原因造成：铁氧体具有起始磁导率高、容易磁化也容易退磁的特征，其本身是一种良好的吸波剂，同时也降低了透过率，使屏蔽效能提高；铁氧体渗入织物后与不锈钢纤维形成吸波型材料加反射型材料相结合的空间排列形态，不锈钢纤维反复反射电磁波，而铁氧体反复吸收电磁波，提高了织物的吸波性能和屏蔽效能；铁氧体微粒和不锈钢纤维在某些情况下，可以排列成很好的三维结构，使一定频段的电磁波被更高效地吸收，从而形成吸波的峰值及频段特性。

（三）铁氧体微粒尺寸对电磁屏蔽织物屏蔽性能的影响

图 6-11 是铁氧体含量 2.10g，浸泡 3 次时，铁氧体尺寸对织物屏蔽效能的影响规律。图 6-11（a）显示，在没有偶联剂及分散剂参与的情况下，大于 11GHz 频段上，不同尺寸铁氧体交联剂对织物的屏蔽效能提升作用均较大，尤其是在 11GHz~14GHz 频段内尺寸 1250 目的样布屏蔽性能可提升 7dB 左右；在整个波段中，1250 目整体提升效果较为明显，200 目次之，500 目效果最低。有偶联剂和分散剂（低聚丙烯酸钠含量

3.5g、钛酸酯含量1.4g）参与时，如图6-11（b）所示，交联剂仍然是在大于11GHz以上对织物屏蔽效能影响较大，但并没有出现明显的显著提升区域；在整个波段中，500目提升效果最好，200目次之，1250目最低。

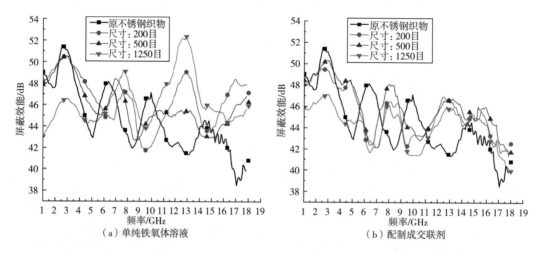

图6-11　铁氧体尺寸对屏蔽效能的影响

上述变化的产生应是偶联剂和分散剂造成的。在没有这两种试剂参与情况下，1250目作为超细颗粒，无疑是最容易渗入到织物内部且被吸附到纤维表面最多的，因此对织物屏蔽效能的影响最大；200目颗粒较大，渗透效果较差，但由于其大颗粒形态导致织物单位体积中有更多更连续的铁氧体材料发挥作用，因此效果次之，而500目这两种优势都没有，故效果最差。当有偶联剂和分散剂参与时，1250目的颗粒超细，可与偶联剂与分散剂更多更好地结合，导致织物单位体积内铁氧体材料的数量相对降低，连续性差，因此对屏蔽效能提升性能最低；200目虽然结合的偶联剂和分散剂较少，单位体积铁氧体材料较多，但渗透效果差，因此效果次之；500目既能结合一定的偶联剂及分散剂，保证织物内单位体积有较多的铁氧体材料，连续性好，而且还有较好的渗透作用，故提升效果最好。

图6-12是不同尺寸铁氧体对织物反射率的影响规律，其他参数与图6-11相同。从图6-12（a）可以看出，当没有偶联剂及分散剂参与的情况下，在1GHz~4GHz频段，无论铁氧体尺寸如何变化，样布的吸波性能与原不锈钢织物的差异都很小，在中高频范围样布的吸波性能则有了较大的提高，吸波性能平均为-4dB左右。在2.5GHz~13GHz这一宽区中，铁氧体处理的样布的吸波性能由优到差依次为1250目、500目、200目。在有偶联剂及分散剂参与的情况下，如图6-12（b）所示，当颗粒为500目时，吸波性能峰值接近-9dB，并且带宽较大，200目时则效果次之，1250目则效果最差。之所以吸波性能会发生上述变化，其原理跟屏蔽效能基本一致。

（四）分散剂含量对屏蔽及吸波性能的影响

图6-13是铁氧体尺寸500目，铁氧体含量2.1g，钛酸酯含量1.4g，浸泡3次时，

分散剂对织物屏蔽效能的影响规律变化图。从图中看出，加入含量不同分散剂的交联剂后，在频段11GHz～18GHz范围不锈钢织物的屏蔽性能均得到了较大提高，最高增加了9dB，平均增加了5dB左右，证明无论分散剂含量如何改变，交联剂在该频段范围对不锈钢样布屏蔽性能的提升都较为明显。在11GHz以下频段范围，则添加交联剂后电磁屏蔽织物屏蔽效能平均增加了1dB左右，提升效果不是很明显。

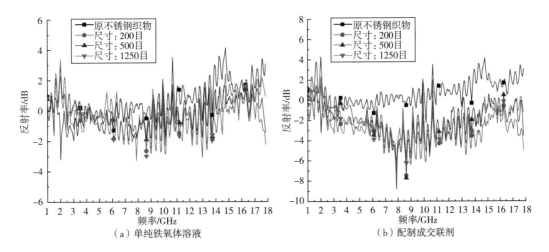

（a）单纯铁氧体溶液　　　　　　　（b）配制成交联剂

图6-12　铁氧体尺寸对吸波性能影响

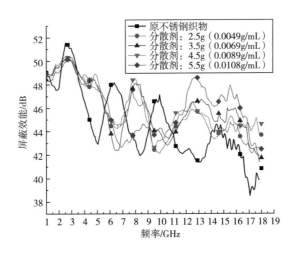

图6-13　分散剂含量对屏蔽效能影响

然而分散剂含量对性能提高的程度是有明显影响的。从图6-13中可以看出，在低中频1GHz～9GHz，分散剂含量5.5g的样布屏蔽性能最差，而在高频11GHz～17GHz范围样布的屏蔽性能整体上优于其他含量处理的样布，因此从整体角度来说当分散剂的含量为5.5g时样布的屏蔽效能不稳定，分散剂含量较低时较稳定，在整个频段上分散剂为3.5g时样布屏蔽效能最好，4.5g时次之，而2.5g时最差。

图6-14是其他参数与图6-13一致情况下分散剂和反射率之间的关系图，从图中

可以看出，无论分散剂如何变化，在 1GHz~4GHz 频段中样布吸波性能几乎与原不锈钢无差异，但是中高频样布的吸波性能有了很大的提高，吸波性能最大达 −9dB。另外，在 4GHz~13GHz 频段分散剂含量为 3.5g 时样布的吸波性能明显最优，在 13GHz~18GHz 高频段含量为 2.5g 的吸波性能最优，含量为 3.5g 的吸波性能略次之。

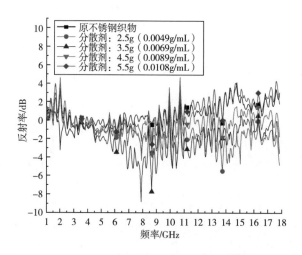

图 6-14　分散剂含量对吸波性能影响

由上述样布的屏蔽性能和反射率数据综合来看，在其他参数不变情况下，分散剂含量为 3.5g 时样布的屏蔽性能及吸波性能都较好。很明显，对于不同的织物类型，分散剂的添加使交联剂发挥更好作用，既可减轻铁氧体的团聚现象，也可增加铁氧体微粒在织物中的吸附性能。但其值应适度，过小时分散剂不能有效阻止微粒聚集，不易起到空间稳定作用，而当分散剂含量增加越过临界值后，饱和的分散剂分子会形成桥联作用，与吸附在微粒上的分散剂分子缠绕、凝聚，同样不利于分散作用。分散剂具体的最佳值确定，需要根据织物的类型、组织、材料以及交联剂的材质进行综合考虑。

（五）偶联剂含量对屏蔽效能影响

图 6-15 是铁氧体尺寸 500 目，铁氧体含量 2.1g，低聚丙烯酸钠含量 3.5g，浸泡 3 次时，偶联剂对织物屏蔽效能的影响情况。从图中可以看出，无论偶联剂如何变化，在频段 10GHz~18GHz，样布屏蔽效能较不锈钢面料有明显提高，最高增加了 8dB。而在频段 5GHz~10GHz，屏蔽效能整体虽有所提高，但增长值不明显而且屏蔽带较窄且较分散。在频段 1GHz~5GHz 四块样布的屏蔽效能无明显差异。从整体来说屏蔽性能随着偶联剂的含量增多而较稳定地提升，在中高频 5GHz~18GHz，偶联剂含量 2.2g 时样布明显稳定优于其他三组样布。

图 6-16 是偶联剂对织物反射率的影响情况。偶联剂含量在中高频样布的吸波性能有了很大的提高，吸波性能最大达 −9dB，而在 1GHz~4GHz 频段样布吸波性能几乎与原不锈钢样布无差异。在整个频段上偶联剂含量 1.4g 时的样布吸波性能总体最优，含

量 1.8g 和 2.2g 时的吸波性能相近，含量为 1g 时吸波性能最差。

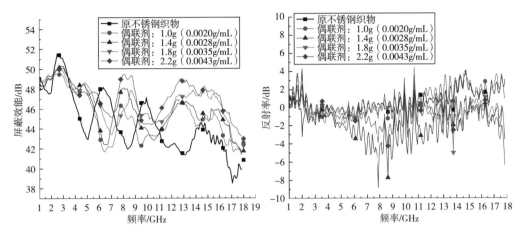

图 6-15　偶联剂含量对屏蔽效能影响　　图 6-16　偶联剂含量对吸波性能影响

由样布的屏蔽性能和反射率数据综合来看，偶联剂含量 1.4g 时的屏蔽效能最好。偶联剂含量过少，对于定量的铁氧体微粒来说不能达到饱和状态；含量过多时，多余的偶联剂分子会互相缠绕起来，对铁氧体微粒产生桥联作用从而使微粒发生聚沉现象，影响均匀稳定性。具体含量的确定也需要根据织物的类型、组织、材料以及交联剂的材质进行综合考虑。

三、小结

（1）采用铁氧体微粒制备交联剂对不锈钢电磁屏蔽织物进行渗透整理，可提高织物的屏蔽效能，并赋予织物一定的吸波性能，且持久性较好。

（2）在 1GHz~10GHz 频段，织物屏蔽性能提升不明显，而在 10GHz~18GHz 频段织物屏蔽性能提升较为明显。1GHz~8GHz 频段吸波性能提升较小，8GHz~18GHz 频段吸波性能提升明显。

（3）不同铁氧体添加量对织物的屏蔽效能及反射率均有提升作用，但提升高低并非与含量呈正增长或者负增长关系。织物屏蔽效能在铁氧体含量适中时出现峰值，反射率的最佳频段则根据铁氧体含量而发生变化。

（4）铁氧体尺寸对织物屏蔽性能和吸波性能也有一定影响，在低频段范围铁氧体尺寸对织物屏蔽及吸波性能的影响较小，在高频段则影响较大，其中 500 目尺寸铁氧体处理的织物屏蔽效果和吸波性能最好。

（5）分散剂含量、偶联剂含量对织物的屏蔽效能和吸波性能均有影响，当分散剂的含量为 3.5g 时样布的整体屏蔽效能和吸波性能最佳；偶联剂含量为 2.2g 时样布的屏蔽效能最佳，含量为 1.4g 时样布的吸波性能最佳。

本节提出了一种新的后整理方法，首先采用碱减法、壳聚糖整理对织物进行预处理以提高其吸附性和服用舒适性，然后给出了一种优化的原位聚合法，使苯胺在织物内部进行充分聚合形成聚苯胺，并牢固地吸附在内部纤维之上，从而制备既有良好吸波特性又有高屏蔽效能的聚苯胺不锈钢电磁屏蔽复合织物。通过对实验结果的分析，得出本方法可使不锈钢织物具有吸波性能，并且可提升其屏蔽效能的结论。该方法工艺简单，成本低廉，处理效果具有持久性，为电磁屏蔽织物的性能提升提供了参考。

一、实验

（一）实验材料

不锈钢面料（18.3%金属纤维+33.8%棉+47.9%聚酯纤维，105g/m²，青岛志远翔宇功能性面料有限公司），无水乙醇（天津市津东天正精细化学试剂厂，99.7%），苯胺（天津市大茂化学试剂厂，99.8%），过硫酸铵（郑州派尼化学试剂厂，≥98.0%），盐酸（广州质检技术服务有限公司，0.25~6mol/L），氢氧化钠（天津市光复科技发展有限公司，20~60g/L），壳聚糖（河南郑州化工原料厂，10~20g/L），冰醋酸（江苏杏林百草堂出品，2%），蒸馏水。

（二）实验仪器及测试

DF-101S 集热式恒温加热磁力搅拌器（杭州），HH-8S 数显恒温水浴锅（宁波），YL-060S 语路超声波清洗机（深圳），DR-S04 小窗法屏蔽效能测试系统（北京），DR-R01 反射率高精度测试系统测（北京），KeyenceVK-X110 超景深三维显微（日本），DHG-9076A 电热恒温鼓风干燥箱（上海）。

（三）实验步骤

本节以苯胺固定浓度 0.5mol/L 为基础设计实验，重点考察其他因素变化时苯胺单体发生聚合后对织物屏蔽效能及吸波性能影响。单体先是确定 4 个正交因素，利用正交实验确定各正交因素的范围，进一步确定最佳预处理浓度、时间及各溶液的最佳配比，以制备出屏蔽、吸波性能优良的聚苯胺不锈钢复合织物。

（1）碱减量处理：将不锈钢面料（40cm×40cm）置于装有固定浓度、固定温度的氢氧化钠溶液的烧杯中，浴比 1∶40，再将烧杯放入固定温度 75℃恒温水浴锅中加热，经氢氧化钠溶液处理 120min，用蒸馏水对面料进行反复洗涤，最后检测面料的酸碱度为中性后，放入80℃的鼓风干燥箱中烘干，备用。

（2）壳聚糖处理：将壳聚糖（浓度为20g/L）置于2%的冰醋酸溶液中，在75℃下恒温搅拌60min，使壳聚糖得到充分溶解，再将不锈钢面料浸于此溶液中恒温处理40min，放入80℃的鼓风干燥箱中烘干，备用。

（3）吸附单体：先将苯胺（固定浓度0.5mol/L）溶于无水乙醇与蒸馏水的质量比为2∶3的A溶液中，使苯胺充分溶于无水乙醇中后加入蒸馏水，使其充分混合，将不锈钢面料浸于苯胺溶液中超声波处理一定时间，使面料充分吸附苯胺单体以增加聚苯胺在面料上吸附的量。

（4）引发聚合：根据实验要求将过硫酸铵溶于一定浓度的盐酸溶液中制成B溶液，面料充分吸附苯胺单体后，将B溶液缓慢加入A溶液进行混合，并用超声波处理使溶液充分与面料接触，充分反应，制成聚苯胺不锈钢面料，经丙酮及蒸馏水充分洗涤后置于烘箱中烘干。

（5）制备出聚苯胺不锈钢复合织物后对面料进行屏蔽性能、反射性能、洗涤后屏蔽性能的测试及内部空间分布形态和表面分布形态的观察，作为后续分析的基础。

二、结果与讨论

（一）整体结果

多次实验表明，采用本节方法制备以不锈钢电磁屏蔽织物为基底的聚苯胺电磁屏蔽复合织物，可以赋予织物较好的吸波特性，一般能出现2个峰值，大于4000MHz以上的频段范围吸波性能较为明显，尤其是大于11000MHz以上织物的吸波性能较为优异，最大反射率可以提升到-6dB以下，在非涂层多孔状材料领域处于较佳的水平。另外，在大多数情况下，本节方法还能不同程度地提升不锈钢电磁屏蔽织物本身的屏蔽效能，一般出现在6000MHz以上的频段范围，尤其是在一定配伍浓度条件下，在7000MHz附近和大于13000MHz以上的频段范围织物的屏蔽效能有较大幅度的提高，最多提升幅度大于10dB以上。上述结果极大地改善了不锈钢电磁屏蔽织物的综合性能，使其应用面得到进一步扩大，可以满足市场上对低价高性能电磁屏蔽织物的需求，同时也为低成本研发吸波型电磁屏蔽织物提供了一条有效途径。

在制备聚苯胺不锈钢电磁屏蔽织物时，发现苯胺单体浓度固定时，聚合的量受其他参数设置影响，从而对织物的屏蔽效能和反射率产生不同程度的影响。总体来讲，在苯胺单体浓度固定为0.5mol/L时，碱减量过程对织物的屏蔽及反射性能有一定影响；苯胺单体的吸附时长对屏蔽性能的影响相对较小；盐酸浓度及过硫酸铵对整理效果的影响最大。其影响程度符合盐酸浓度>过硫酸铵浓度>氢氧化钠浓度>苯胺单体吸附时间。具体的影响规律及机理下文会详细阐述。

本节方法之所以能在赋予不锈钢织物吸波性能的同时还提高其屏蔽效能，从而使不锈钢织物的综合性能达到优良，其主要原因：一是聚苯胺在织物内部的充分渗入，吸附在不锈钢纤维之上，不仅增加了其表面的电子通行能力，而且使不锈钢之间的连通更加有效，从而提升织物的屏蔽效能。二是由于聚苯胺微粒的存在，导致织物内部的空间排列结构呈现普通纤维、不锈钢纤维、聚苯胺微颗粒并存的复杂三维空间多孔结构，增加了电磁波在织物内部的多次反射，使得本来可以忽略不计的电磁波在织物内部的多次反射出现放大现象。三是聚苯胺本身具有一定吸波性能的特点，从而整体上赋予了不锈钢织物较好的吸波特性。

另外，由于本节采用了碱减量及壳聚糖双重工艺对不锈钢电磁屏蔽织物进行预处理，不仅保证了织物的原有手感，而且还增加了聚苯胺在织物中的附着性能，使制成的聚苯胺不锈钢复合织物的耐洗涤性较好。经测试，制成品经洗涤烘干 6 次、8 次、10次时，其屏蔽性能、反射率测试结果仍然保持较好的一致性，没有发生明显的衰减。

（二）氢氧化钠浓度的影响

不锈钢电磁屏蔽织物的碱减量过程不仅能提高织物的手感，最重要的是可以增强反应生成的聚苯胺与织物内部纤维的吸附力。多次实验证明，经碱减量处理后制备出的复合织物屏蔽、反射性能整体都有提高。图 6-17 是其他参数均为定量时不同浓度碱减量处理后的织物屏蔽效能对比。图中显示，经碱减量预处理再制备出的复合织物在6200MHz、11000MHz 处整体屏蔽效能无明显变化，但大于 12000MHz 高频段屏蔽效能明显增加，其中碱减量浓度为 20g/L 的复合织物高频段 15000MHz 下屏蔽效能达到47dB，接近很多银纤维织物的屏蔽效能，显示出其良好的屏蔽性能。

图 6-18 是碱减量后织物的反射率变化对比图，其他参数与图 6-17 的一致。很明显，40g/L 氢氧化钠处理的面料高频段的反射率优于 20g/L 氢氧化钠处理的面料，但20g/L 氢氧化钠处理的面料在 7500MHz～10500MHz 范围反射率较高，可以达到-5dB，这一数值对存在多孔且选用纤维材料一般的织物是一个不错的水平。综合来看，当氢氧化钠的浓度为 20g/L 时复合织物具备良好的屏蔽效能、反射率，大量实验显示，增加氢氧化钠的浓度时屏蔽性能及反射率无明显变化，因此，结合面料的使用性，碱减量的浓度应控制在相对低的量。

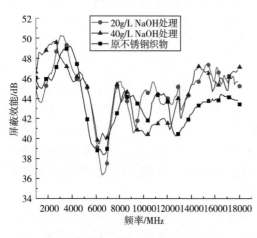

图 6-17　氢氧化钠浓度对织物屏蔽效能的影响

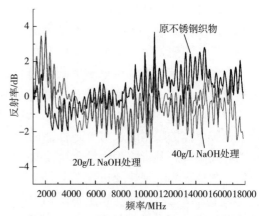

图 6-18　氢氧化钠浓度对织物反射率的影响

本节认为出现上述结果是因为不锈钢纤维及其他纤维经碱减量处理后表面会形成微坑，变得较为粗糙，在一定程度上有利于吸附苯胺单体。浓度过小会导致微坑面积很小，使织物对苯胺单体的吸附能力有限，而浓度过大时，会导致微坑面积较大，苯胺单体同样难以在微坑表面被有效吸附，因此，碱减量浓度需要有一个合理的值。

（三）苯胺单体吸附时间的影响

实验发现，不锈钢电磁屏蔽织物吸附苯胺单体时间对屏蔽效能及反射率的影响相对较小。图6-19、图6-20是其中吸附时间为90min、150min时的屏蔽效能、反射率变化曲线。从图6-19可以看出苯胺单体的吸附时间对织物在高频段屏蔽性能的影响较为明显，在频率大于13000MHz时，织物屏蔽效能增加量为2~5dB，在9000MHz频段下，吸附时间为150min时织物屏蔽效能可接近50dB。而对于反射率而言，如图6-20所示，总体上随着吸附时间的增长，反射率也随之变小，即吸波性能越来越好，这种现象从5000MHz以上得到体现。然而进一步实验发现，吸附时间有一个上限，当大于150min时且其他条件不变情况下，吸附时间增加不会导致反射率有明显的增加。

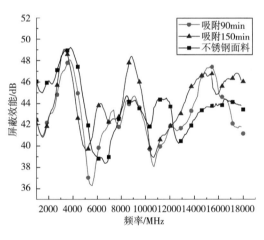

图6-19　吸附时间对织物屏蔽效能的影响　　　图6-20　吸附时间对织物反射率的影响

上述原因很明显是织物的结构和材料性质造成的。无论织物如何处理，其结构和材料性能都达到一定的稳定状态，因此当吸附时间达到一定值时，即使再增加吸附时间，所吸附的聚苯胺量仍基本保持一致，在织物中的分布形态也大体相同，从而使屏蔽及反射性能无明显差异。

（四）盐酸浓度的影响

掺杂剂盐酸的浓度对织物的屏蔽性能影响较大，实验发现，苯胺的多少决定了盐酸被消耗了多少，因此其浓度应该与苯胺浓度综合考虑才有意义，单纯性考虑盐酸浓度无法衡量其发挥的作用。本节采用盐酸与苯胺摩尔比来分析盐酸用量对织物性能的影响。图 6-21 是不同摩尔比对织物屏蔽效能的影响，从中可以看出，盐酸与苯胺摩尔比为 1.5∶1 时，织物的屏蔽效能低于原有不锈钢面料的屏蔽值，原因是原位聚合过程中酸的浓度过高，对不锈钢纤维造成较大损耗，降低了不锈钢的屏蔽能力。摩尔比为 0.5∶1 及 1∶1 时，则织物具有良好的屏蔽效能，其中 1∶1 时在 7000MHz 下屏蔽效能可达 53dB，高频段也有 4dB 左右的提升。对于反射率，如图 6-22 所示，不同的摩尔比都能使织物具有良好的反射率，其中 1.5∶1 时的反射率最高可达-6dB，高频阶段也有较高的反射率，最高可达-5dB；1∶1 时在高频阶段的反射率与 1∶1.5 接近。因此综合来看，当掺杂剂与苯胺的摩尔比为 1∶1 时织物有良好的屏蔽、反射效能。

出现上述结果主要是由于盐酸的作用导致的，当盐酸浓度过高时，除参与苯胺的合成外，还有较多的盐酸参与腐蚀不锈钢纤维的反应，造成不锈钢纤维的反射电磁波能力下降，从而大幅度降低了织物的屏蔽效能。但这也不全是坏事，由于盐酸浓度过高对不锈钢造成的损失，导致不锈钢纤维表面出现大量腐蚀粗糙表面，提高了电磁波的反射次数，从而提高了织物的屏蔽效能。因此，盐酸用量的掌握很重要，需要与苯胺有合适的比例，才能既提高织物屏蔽效能，也提高织物反射率。

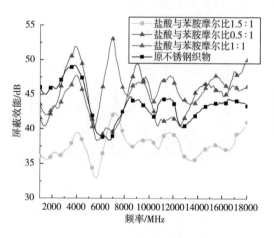

图 6-21　盐酸浓度对织物屏蔽效能的影响

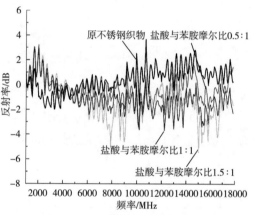

图 6-22　盐酸浓度对织物反射率的影响

（五）过硫酸铵浓度的影响

当盐酸与苯胺的摩尔比一定时，氧化剂浓度整体对不锈钢屏蔽织物的屏蔽性能影响不大。图 6-23 是盐酸与苯胺摩尔比为 1∶1 时过硫酸铵与苯胺摩尔比不同时的屏蔽效能曲线，从图中可以看出上述规律。在小于 5500MHz 以下范围，当其他条件一定时，无论过硫酸铵浓度如何变化，织物的蔽效能均基本不变；在 5500MHz 以上频段范围时，过硫酸铵浓度对织物屏蔽效能基本影响保持一致，当其他条件一定时，无论过硫酸铵浓度如何变化，屏蔽效能均可以提高 3~4dB。尤其需要指出的是，在 6500MHz 频点附件，原本不锈钢织物有个最低值，经处理后，在过硫酸铵与苯胺摩尔比为 0.5∶1 时，屏蔽效能得到明显提高，最高可达 53dB，这一点解决了不锈钢本身的局部缺陷，在实际应用中有重要意义。对于反射率，如图 6-24 所示，在其他条件一致时，过硫酸铵浓度不同时对织物吸波特性的影响也基本一致，均能在大于 4000MHz 的频率范围使织物具有吸波特性，很多区域反射率接近-4dB，当过硫酸铵与苯胺摩尔比 1.5∶1 时织物在 14000MHz 附近反射率最高可达-5dB。

　　造成上述现象的原因是虽然过硫酸铵是导电聚苯胺形成的关键因素，但只要其达到合理的浓度，所形成聚苯胺颗粒也达到稳定，此时多余的过硫酸铵也不会对织物屏蔽性能产生影响，因此导致过硫酸铵浓度变化时对织物屏蔽及吸波性能的提升基本处于同一水平。很明显，过硫酸铵的浓度不能过低，过低时不能制备出性能优良的导电态聚苯胺，因此几乎不会提升织物的屏蔽性能及反射率。

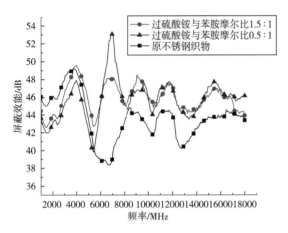

图 6-23　过硫酸铵浓度对织物屏蔽效能的影响

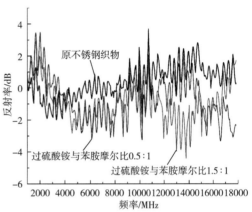

图 6-24　过硫酸铵浓度对织物反射率的影响

三、小结

　　（1）采用本节方法制备以不锈钢电磁屏蔽织物为基底的聚苯胺电磁屏蔽复合织物，可有效赋予织物较好的吸波特性，同时又能明显提升织物原有的屏蔽效能。

　　（2）对于吸波特性，本节所处理不锈钢织物一般均能出现 2 个峰值，大于 4000MHz 以上的频段范围吸波性能较为明显，尤其是大于 11000MHz 以上织物的吸波性能较为理想，最大反射率可以达到-6dB 以下。

　　（3）对于屏蔽效能，一般 6000MHz 以上的频段范围屏蔽效能得到明显提升，尤其是在一定配伍浓度条件下，在 7000MHz 附近和大于 13000MHz 以上的频段范围织物的屏蔽效能有较大幅度的提高，最多提升幅度大于 10dB。

　　（4）当苯胺单体浓度为固定 0.5mol/L 时，聚苯胺聚合量受不同参数设置影响，从而对织物的屏蔽效能和反射率有不同程度的影响，其影响程度符合盐酸浓度>过硫酸铵浓度>氢氧化钠浓度>苯胺单体吸附时间。

　　（5）本节方法不仅保证了织物的原有手感，而且还增加了聚苯胺在织物中的附着性能，使制成的聚苯胺不锈钢复合织物的耐洗涤性较好。

　　本节方法较好地改善了不锈钢电磁屏蔽织物的综合性能，使其具有吸波特性的同时提高了屏蔽效能，扩大了不锈钢织物的应用范围，满足了市场上对低成本、高性能电磁屏蔽织物的需求，同时也为研发低成本吸波型电磁屏蔽织物提供了一定参考。

第七章

超材料设计在电磁屏蔽织物中的应用

超材料是一种由周期或非周期排列的亚波长单元组成的人工结构，具有传统材料不具备的超常物理性质。传统材料从原子和分子的特性中获得电磁特性，而超材料使我们能够通过设计单元结构的几何形状和排列方式，随意调控其电磁参数，实现一些奇异功能，例如，隐身、负折射率、完美透镜等。1968年，苏联物理学家Veselago提出了拥有负介电常数和负磁导率的双负材料，即"左手材料"，这是超材料的概念首次被提出。1999年，Pendry等提出了设计左手材料的两个关键要素：金属线阵列和开口谐振环。2008年，Landy等首次提出超材料吸波器的原型，并实现了对入射波的完美吸收，其在11.5GHz处吸收率可达88%。自此，开创了超材料研究的新领域，引发了全球研究超材料的热潮，各种性能优异的多频、宽带、可调谐吸波器相继被开发出来。由于前景广阔，超材料被认为具有巨大的发展潜力，它的出现为控制电磁波提供了新思路。

然而，目前将超材料技术应用在电磁屏蔽织物领域的报道还极少，已有工作主要依靠多层技术在织物表面构建谐振吸波器，使织物具有一定的吸波作用。本章介绍将超材料技术应用在电磁屏蔽织物性能提升方面的几项工作，包括超材料结构的仿真及在电磁屏蔽织物中的验证、基于金属烯的电磁屏蔽织物"混合抵抗场"设计以及"开口谐振环"超材料的绣入及对电磁屏蔽织物的影响等三大部分，以期为超材料技术在电磁屏蔽织物中的应用提供参考。

虽然超材料技术的研究已逐渐成为热点，但目前对电磁屏蔽织物超材料仿真技术的探索还鲜有报道，导致超材料的设计及验证缺乏理论依据。另外，当电磁波入射到织物表面时，电磁屏蔽织物会产生感应电流，感应电流会在织物表面产生感生涡流，这种涡流效应不仅与材料本身的特性有关，还和材料在三维织物中所形成的空间结构形态有关，而要揭示这些超材料所设定的空间结构对织物屏蔽效能的影响，也需要开展基于电磁屏蔽织物的超材料仿真技术研究。本节就此开展探索，研究超材料结构的仿真技术，并对其进行验证，从而为探索超材料对电磁屏蔽织物屏蔽性能的影响规律提供依据。

一、材料空间配伍简化为谐振环模型

Pendry等人通过金属线的周期排列，发现了开口谐振器模型，其工作原理如图7-1所示。将谐振环放置于磁场垂直位置，由法拉第电磁感应定律知：此时环体会产生感应电流，但是环体本身不产生谐振，如图7-1（a）所示，此时环体可以充当电感。当环体出现裂缝，造成环体的不连续性时，在谐振器裂缝处的，电荷会堆积在两端，进而形成电容，如图7-1（b）所示，电容和电感构成了谐振电路。然而当单个裂缝不连续环体的开口处电荷堆积越来越大时，会产生电偶极矩，增强了环体的电场，因此将两个环体开口互补性地组合在一起，两个环体之间的空隙也可以形成谐振电路，如图7-1（c）所示，形成电偶极矩，由于谐振环的对称性，谐振环之间的电偶极矩和开口处的电偶极矩产生的电场相互抵消，进而达到损耗电磁波能力。

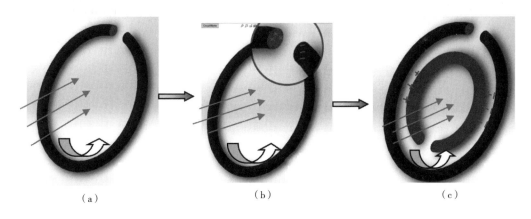

（a）　　　　　　　　　　（b）　　　　　　　　　　（c）

图7-1　开口谐振环工作原理

不难发现，谐振环对电磁波的损耗的工作原理与涡流效应基本一致。基于以上发现，借助谐振环模型代替织物中导电材料的空间结构，通过设置不同参数的谐振环模型，来分析材料空间结构对织物电磁屏蔽的影响规律。

影响谐振环对电磁波损耗的主要因素有，几何结构、谐振环尺寸、周期排列、环面高度等。本节选择谐振环几何结构、谐振环尺寸大小这两个参数来研究对电磁屏蔽性能的影响规律。建立不同结构和不同尺寸大小的谐振环模型，运用电磁仿真有限元分析法，研究谐振环对电磁屏蔽织物屏蔽性能的影响规律。

二、仿真模型建立和数据处理

（一）仿真模型建立

1. 建立谐振环结构模型

将谐振环结构运用到电磁屏蔽织物上时，以织物为介质板。由于谐振环发挥电磁损耗作用，必须设置谐振环尺寸小于波长。本节只研究谐振环尺寸大小和材质对织物屏蔽性能的影响，不考虑织物本身结构，如组织结构、密度、空隙大小等所造成的影响，因此采用建模软件进行实体建模时，将介质织物简化为理想的介质板，如图7-2（a）所示，谐振环模型采用 Smith D R 教授超材料模型，如图7-2（b）所示。将谐振环模型阵列且排列在织物表面，模拟材料空间形态如图7-2（c）所示。

图7-3是将谐振环模型阵列后贴片在织物模型上，由于计算机内存有限，因此取其中一个单位作为研究模型，谐振环外尺寸 r 为研究的自变量，根据尺寸要大于波长的要求，织物模型每个边长距离谐振环均为1mm，因此织物模型的尺寸为 $r+2$，研究谐振环尺寸大小对织物屏蔽性能的影响，即保证 r 为唯一自变量，其他条件固定。谐振环的

环间距 d 为 0.4mm，环宽度 w 为 0.4mm，开口宽度 a 也为 0.4mm。

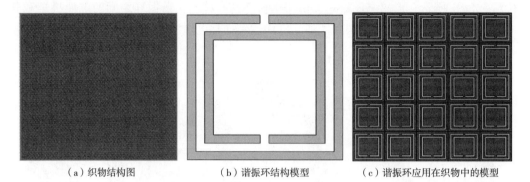

（a）织物结构图　　　　（b）谐振环结构模型　　　（c）谐振环应用在织物中的模型

图 7-2　谐振环应用在织物中的模型

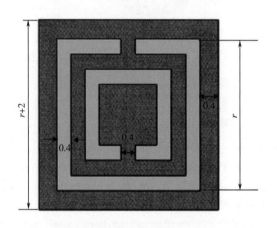

图 7-3　单元模型

2. 模拟电磁场

有限元方法是一种近似求解边界值问题的数值计算方法，先通过区域离散，也是网格划分，降低对计算机内存的需要，其次选择合适的插值函数，然后建立方程组，最后对方程组求解。其基本思路就是把电磁场离散为多个单元的组合，每个单元建立以节点作为未知数的线性表达，从而使一个连续自由空间分解为离散单元子矩阵。本节采用基于有限元分析法的电磁仿真分析谐振环参数对织物屏蔽性能的影响。其中采取了四面体作为基本离散单元，运用自适应迭代算法，直到达到给定的精度。

模拟电磁波作用于电磁屏蔽织物时，在电磁仿真设置中，上下施加波端口激励来模拟信号的发射和接收。在定义边界条件时，理想情况下电磁波辐射环境为一个无限开放区域，在求解电磁场问题时，需要定义边界条件，划分求解区域边界，左右设置理想电边界，前后为理想磁边界。由于受计算机内存影响，设定扫频范围为 1～1.5GHz，检查完毕后对不同材质、不同尺寸的谐振环进行仿真求解。

（二）数据分析

由电磁屏蔽机理可知，反射波振幅与入射波振幅的比值以及透射波振幅与入射波振幅的比值，分别称为反射系数和透射系数。

S 参数，也就是散射系数，是微波传输的重要参数。S 参数可以用来表征入射、反射和透射的概念。它是建立在入射波、反射波和透射波基础上的网络参数，以反射信号、透射信号来描述网络参数，也可以成为 S 参数矩阵。S 参数可以用网络分析技术进行测量，因此只要知道散射参数，就可以计算其他矩阵参数。以二端口网络为例，有 4 个 S 参数，分别是 S_{11}、S_{22}、S_{21}、S_{12}，其中 S_{11} 和 S_{22} 均为反射系数，即回波损耗，S_{21} 和 S_{12} 分别为正向传输系数和反向传输系数，在互易网络中，$S_{12} = S_{21}$。

根据电磁屏蔽机理可知，屏蔽效能是评定电磁屏蔽性能的直接指标，单位为 dB，总屏蔽效能由反射（SE_R）、吸收（SE_A）和多重反射（SE_M）三部分组成。

$$SE = 10\lg\frac{1}{S_{12}^2} = 10\lg\frac{1}{S_{21}^2} \tag{7-1}$$

由式（7-17）可知，求解吸波体的屏蔽性能 SE 需要求出 S 参数中的正向或者反向传输系数 S_{21} 和或 S_{12}。按照前文所述完成建模和仿真后，调出 S 参数中的 S_{12}、S_{21} 数据，最后采用 origin 对输出的数据进行分析。

三、谐振环大小对织物屏蔽效能的影响

本节实验设置谐振环尺寸，分别为 8mm、7mm、6mm、5mm 和 4mm，其他尺寸不变，实体模型如图 7-4 所示。

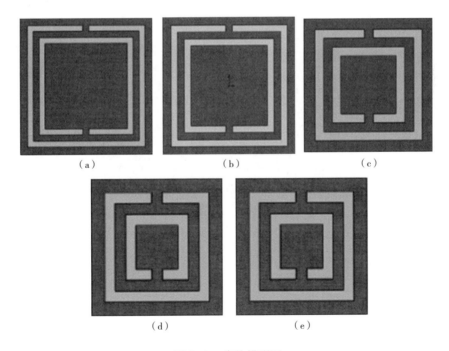

（a）　　　　　　　　（b）　　　　　　　　（c）

（d）　　　　　　　　（e）

图 7-4　实物模型图

注：模型（a）r 的值为 8mm；模型（b）r 的值为 7mm；模型（c）r 的值为 6mm；模型（d）r 的值为 5mm；模型（e）r 的值为 4mm。

本节设置谐振环材料为导电银，扫频范围为 1~1.5GHz 的屏蔽性能，输出的结果采用 origin 分析吸波体屏蔽性能随频率变化情况，如图 7-5 所示。

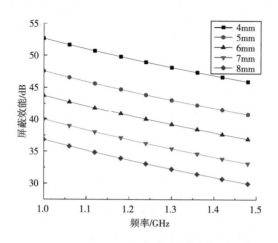

图 7-5 不同尺寸谐振环屏蔽性能随频率的变化

从图 7-5 整体来看谐振环屏蔽性能均随着仿真频率的增加而降低，且不管谐振环的尺寸如何，均符合此规律。另外吸波体随着谐振环尺寸增加，屏蔽性能逐渐降低。谐振环尺寸为 4mm 时，其屏蔽性能最好，最大值为 53dB，最小值为 29dB。

研究不同尺寸的谐振环对屏蔽性能的具体影响规律，采用以下办法：对每组数据分别计算不同频率下的平均屏蔽性能，作出不同尺寸下的平均屏蔽性能散点图，并采用 origin 拟合出以谐振环尺寸为自变量，屏蔽性能 SE 为因变量的函数。线性拟合为图 7-6，R^2 在 0.99 以上，拟合程度高。由函数曲线看出织物的屏蔽性能随谐振环的尺寸呈线性降低的趋势，当谐振环尺寸过大，频率为 1~1.5GHz 时，织物可能不具有屏蔽性能。这是由于，当谐振环尺寸过大，大于入射电磁波的波长，感生电流较为微弱，感生电磁场不足以"抵御"入射波使得反射损耗减小，内部场强变大，因此起不到屏蔽的作用。

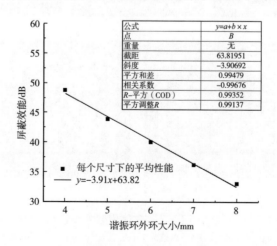

图 7-6 屏蔽性能随谐振环外环尺寸变化的拟合曲线

图 7-7 是通过有限元分析法，将不同尺寸谐振环应用到织物上后，织物表面电场云图分布，图中电场数据，随着谐振环的尺寸增大，吸波体内部场强减小，反射损耗增加，因此呈现出吸波体屏蔽性能提升的趋势。综上所述，在织物上利用谐振环设计吸波体时，应该着重考虑谐振环的尺寸大小。

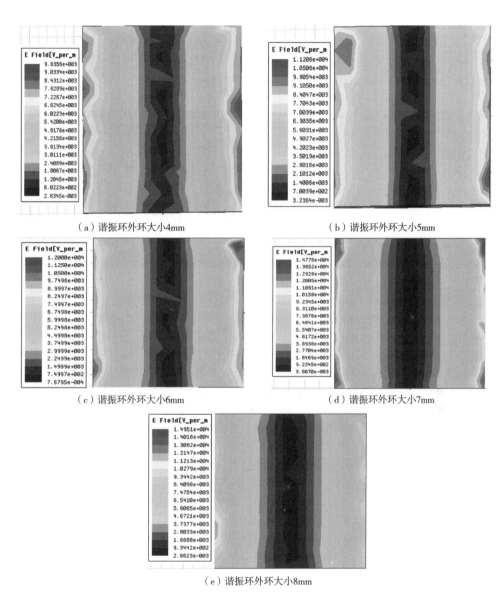

（a）谐振环外环大小4mm　　　　　　　　（b）谐振环外环大小5mm

（c）谐振环外环大小6mm　　　　　　　　（d）谐振环外环大小7mm

（e）谐振环外环大小8mm

图 7-7　不同大小谐振环的仿真结果

四、谐振环结构对电磁屏蔽效能的影响

经典谐振环是由 Smith D R 教授提出的，与经典裂缝谐振环工作原理相似的还

有圆形谐振环和其他多边形谐振环结构，但是具体不同结构应用在电磁屏蔽织物上，并对电磁屏蔽织物的屏蔽性能产生何种影响，还尚未明确。因此本节探讨不同谐振环结构对电磁屏蔽织物屏蔽性能的影响机理，分别设置半径为 4mm 圆形谐振环、边长均为 4mm 的正四边形、正五边形、正六边形、正七边形和正八边形谐振环，建立实体模型，不同结构谐振环模型如图 7-8 所示。采用有限元分析方法，研究不同空间结构的谐振环在模拟频率为 1GHz~1.5GHz 电磁波下织物的屏蔽性能变化规律。对输出数据采用 origin 分析不同结构随着频率的变化规律，如图 7-9 所示。

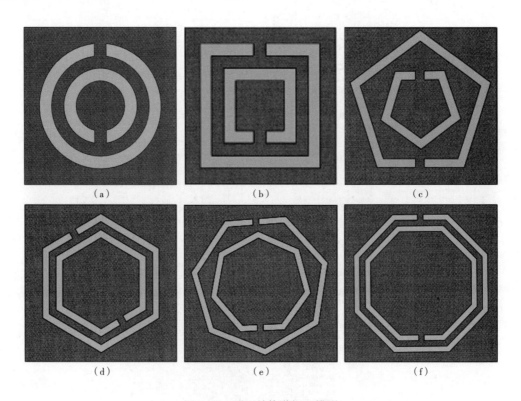

图 7-8　不同结构谐振环模型

注：图 7-8 中，圆形直径为 4mm，其余多边形，边长均为 4mm；（a）为圆形谐振环；（b）为正四边形；（c）为正五边形；（d）为正六边形；（e）为正七边形；（f）为正八边形。

从图 7-9 中整体看五组不同结构的谐振环的屏蔽性能随着频率的增加而降低，且随频率降低的趋势基本一致。另外，圆形谐振环的电磁屏蔽性能与正四边形谐振环屏蔽性能值基本一致，且随频率的变化规律也基本一致，从最大屏蔽性能值（52±0.5）dB 降低到（45±0.5）dB。其他结构的谐振环的屏蔽性能值大小顺序为正四边形>正五边形>正六边形>正七边形>正八边形。不同的是，随着谐振环边数的增加，其屏蔽性能变化的幅度不同。

研究谐振环结构对电磁屏蔽性能的影响幅度，除圆形外，其他五组谐振环边长依次增加。而圆形谐振环的屏蔽性能和正四边形在屏蔽性能变化规律和数值上基本一致，

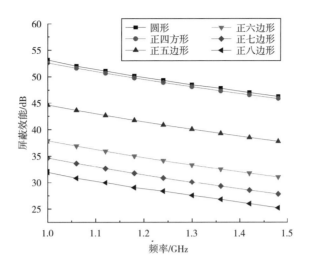

图 7-9　不同结构的谐振环屏蔽性能

所以剔除圆形谐振环数据，可将结构不一致的谐振环研究，简单转换为边的个数对屏蔽性能的影响。因此计算正四边形、正五边形、正六边形、正七边形和正八边形在频率为 1~1.5GHz 时的平均屏蔽性能，并拟合出吸波体屏蔽性能随谐振环边长个数的函数曲线，如图 7-10 所示。

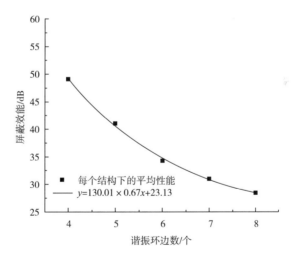

图 7-10　屏蔽性能随谐振环边数的拟合曲线

图 7-10 是不同谐振环结构（除圆形外）组成的吸波体的屏蔽性能随边长个数的变化的拟合曲线。拟合函数为 $y = 130.01 \times 0.67x + 23.13$，$R^2 = 0.998$，几乎完全拟合。由函数可以看出，随谐振环边长个数的增加，其组成的吸波体的屏蔽性能呈指数型降低。当谐振环为正八边形时，组成的吸波体的平均屏蔽性能约为 28dB。假设谐振环的边长无限大而不为圆形时，组成的吸波体的屏蔽性能可以无线接近 0。再者谐振环为完全的圆环的屏蔽性能和正四边形的屏蔽性能基本一致。

五、试验验证

为了验证有限元仿真的结果的可信度，随机选择两组不同尺寸（4mm和7mm）的谐振环和不同结构的谐振环（正四边形和正六边形），采用100%镀银织物作为基布，谐振环的材质也选用和基布一样的100%镀银织物，然后在基布上进行贴片实验，最后采用DR-SO1法兰同轴屏蔽性能测试仪，选择1GHz~1.5GHz频率范围测试其屏蔽性能。图7-11和图7-12分别为不同尺寸谐振环和不同形状谐振环仿真结果和试验结果对比。

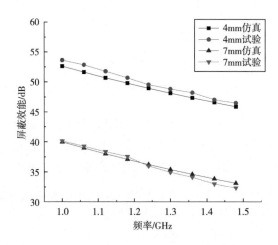

图 7-11　不同尺寸谐振环仿结果与试验结果对比

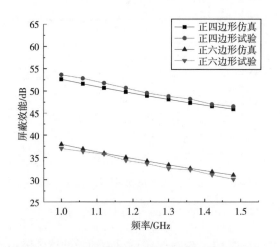

图 7-12　不同形状谐振环仿结果与试验结果对比

由图7-11和图7-12可知，在频率为1GHz~1.5GHz下，基布为相似的100%镀银织物；谐振环尺寸为4mm和7mm，谐振环结构为正四边形和正六边形的仿真模拟结果与试验结果基本一致，试验结果比仿真模拟的结果略大一些，这是由于计算机内存有限造成的误差，且在误差允许范围内，证明有限元仿真的可信度。

六、小结

本节在探讨材料的空间排列结构时，采用有限元分析模拟了谐振环附着织物所形成的吸波体在频率 1GHz~1.5GHz 下的电磁屏蔽性能，分别设置不同尺寸大小的谐振环和不同结构的谐振环，最后采用近似的材质制作样布来进行测试试验，结果证明了仿真的可信度。模拟结果具体如下：

（1）不同大小和不同结构的谐振环的屏蔽性能均随着电磁波频率的增加而降低，电磁波频率越大，织物屏蔽性能越低，频率越小，屏蔽性能越高，在频率为 1GHz 时，织物电磁屏蔽值最大为 51dB。

（2）随着谐振环尺寸的增加，织物屏蔽性能呈线性降低的趋势，从电场云图可以看出吸波体内部的场强变小。设置正四边形谐振环外环的长度分别为 4mm、5mm、6mm、7mm 和 8mm，谐振环边长为 4mm 的屏蔽性能最高，边长为 8mm 的屏蔽性能最低。

（3）随着谐振环结构不同，电磁屏蔽织物的屏蔽性能也不同，圆形结构的吸波体电磁屏蔽性能和正四边形谐振环的电磁屏蔽性能基本一致。除圆形谐振环外，正四边形、正五边形、正六边形、正七边形和正八边形谐振环结构，构成了几何体的边数依次增加的实验组，仿真发现随着谐振环边数增加，其屏蔽性能呈指数型降低。

第二节　基于金属烯的电磁屏蔽织物"混合抵抗场"设计

本节采用自己制备的多层金属烯对棉/不锈钢/涤混纺电磁屏蔽织物进行浸渍整理，以构建基于织物孔隙的"混合抵抗场"超材料结构，通过对性能测试数据的分析，研究金属烯对棉/不锈钢/涤混纺电磁屏蔽织物电磁性能的影响及机理，从而为柔性电磁材料性能提升的研究提供一条新路径。

一、实验

（一）整体方法

提出利用织物孔隙构建一种称为多介质"混合抵抗场"的思路，在棉/不锈钢/涤混纺电磁屏蔽织物孔隙周围搭建出一个能对电磁波产生较强阻挡和吸收的区域。图 7-13（a）是普通的电磁屏蔽织物的孔隙局部图，由于棉纤维、涤纶纤维未经金属烯整理缺乏导电性，故仅依靠不锈钢纤维的反射达到屏蔽电磁波，织物性能很难提升且不具备吸波特性。而将孔隙周围的棉、不锈钢纤维进行金属烯整理，如图 7-13（b）所示，使棉纤维、涤纶纤维附着金属烯后变成不同性能的导电材料，同时不锈钢纤维性能得到提升，而金属烯本身具有多层及多孔结构不仅具有导电性且具有吸波性，于是这些介质在孔隙处共同形成能够较好阻挡入射电磁波并对其吸收的"混合抵抗场"。这种方法与涂层等方法不同，可以保留孔隙的存在，使织物满足透湿透气舒适性要求，又能利用孔隙周围多介质的反射及吸波的共同作用形成阻挡电磁波的混合场，从而使孔隙从泄漏电磁波的劣势转变为阻挡电磁波的优势，使棉混纺织物不但屏蔽效能得到提升同时也具有吸波特性。

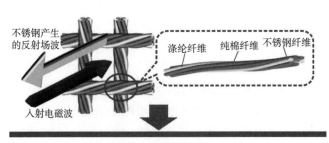

（a）仅依靠不锈钢纤维产生的反射场

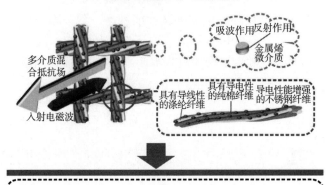

（b）由导电棉纤维、不锈钢纤维、导电涤纶纤维及金属烯微颗粒共同形成多介质"混合抵抗场"

图7-13　多介质混合抵抗场的构筑

（二）金属烯制备

MXene制备使用最多的方法是利用氢氟酸进行刻蚀，这种方法得到的MXene微观结构呈现类风琴状，但其成本高、产率低且容易造成环境污染，所以推广难度较大。虽然还有高温分解法、化学气相沉积法等方法，但也存在条件较为苛刻、引入大量杂质、产出率不高等问题，因而难以普及。

为了寻求温和无害的制备方法，研究人员们发现用盐酸和氟化锂混合液刻蚀的过程中，F^-和H^+会在前驱体的表面原位生成HF，该方法避免了使用高浓度的氢氟酸可能带来的危险，但同样能达到刻蚀的目的。本节尝试采用该方法制备多层金属烯并对织物进行整理。

（1）所需材料为：钛碳铝（200目，98%，中国凯烯陶瓷有限公司），氟化锂（99.99%，中国阿拉丁试剂有限公司），盐酸（AR，36%~38%，中国阿拉丁试剂有限公司），去离子水（AR，自制），无水乙醇（AR，99.7%，中国阿拉丁试剂有限公司），pH试纸（pH范围1~14，上海必利试剂有限公司）。

（2）所需设备为：电子天平（JA3003B，上海越平科学仪器有限公司），电热恒温水浴锅（HH-2，南通宏大实验仪器有限公司），超声波清洗机（F-020S，福洋科技），电热鼓风干燥箱（DHG，上海一恒科学仪器有限公司），聚四氟乙烯烧杯、聚四氟乙烯搅拌棒等。

（3）制备过程：选择盐酸和氟化锂原位生成氢氟酸的简单易行方法刻蚀 Ti_3AlC_2 制备二维 $Ti_3C_2T_x$，然后配制金属烯分散液，利用浸渍法对电磁屏蔽织物进行后整理，探索电磁屏蔽织物的屏蔽效能及吸波性能，此时金属烯微介质分散在织物的表面和内部，从而与原织物的屏蔽纤维共同作用显示出新的电磁性能。

（三）孔隙的金属烯整理

选用代表性棉/不锈钢/涤混纺电磁屏蔽织物，剪成 7cm×12cm 的样布待用，具体步骤为：

（1）如图7-14（a）所示，按实验比例要求将一定量 $Ti_3C_2T_x$ 粉末加入去离子水中，同时加入合适剂量的偶联剂及分散剂，配制实验要求浓度的分散液；

（2）如图7-14（b）所示，将配好的分散液用保鲜膜密封好，然后超声处理1h；

（3）如图7-14（c）所示，将布样分别浸渍在金属烯分散液中5min；

（4）如图7-14（d）所示，将布样取出放置在烘干机中烘干，然后重复步骤（3）及步骤（4）2~3次。

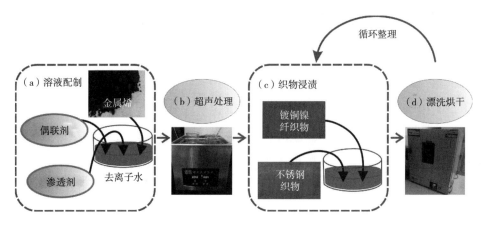

图7-14　孔隙的金属烯整理

（四）性能测试

采用场发射扫描电子显微镜（美国 FEI 的 Quanta-450-FEG 型）在 20kV 加速电压

下对制备出的 $Ti_3C_2T_x$ 粉末和浸渍整理前后的电磁屏蔽织物进行表征，观察其结构与微观形貌。采用矢量网络分析仪（美国安捷伦科技有限公司，N5232A）和波导管（西安恒达微波技术开发公司，BJ84/B140）对织物的电磁屏蔽效能及吸波性能进行测试。

二、结果与分析

（一）所制备金属烯的微观形貌与结构表征

图 7-15 为采用本节方法所制备 $Ti_3C_2T_x$ 的 SEM 形貌表征，图中显示金属烯出现了较为明显的层状结构特征，且层片厚度均匀，表明制备 $Ti_3C_2T_x$ 较为成功，同时也发现其存在着众多微小凹陷，对微波的充分吸波极为有利。该图中也可以看出大区域内还存在少量的前驱体 Ti_3AlC_2，显示制备工艺还有待优化。

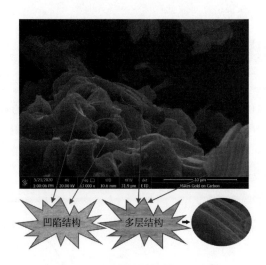

图 7-15　所制备金属烯的 SEM 图

（二）电磁屏蔽织物整理前后的微观形貌

经过多次浸渍整理后的棉混纺电磁屏蔽织物在微观结构方面出现了明显变化，即金属烯微介质分散黏着到织物的内部及各种纤维的表面。图 7-16 是织物样布 1 整理前后的电镜图，其参数见表 7-1，整理所用多层金属烯分散液的浓度参数为 5mg/mL。

表 7-1　代表性电磁屏蔽织物参数

样品号	成分及含量	织物组织	密度/ （根/10cm）	纱线英制 支数/英支	厚度 /mm	克重/ （g/m²）
1	棉 30% 不锈钢 30% 涤纶 40%	平纹	126×88	45	0.21	128

图中显示样品 1 纱线排列杂乱，粗细不均，因其本身由棉纤维、屏蔽纤维及涤纶纤维混纺而成。整理后织物的棉纤维表面上明显附着了较多的金属烯，由范德华力和纤维之间的氢键使之较为牢固地附着在纤维表面的各个方向。而不锈钢内由于其金属特征，其表面吸附金属烯的数量很少，涤纶由于其表面光滑，虽经碱减量处理，但仍吸附较少的金属烯微介质。另外金属烯微介质还有较多夹在纤维之间的孔隙中。观察其他样布的微观形貌图，金属烯也有同样的排列特点，这些充分证明，经过金属烯微介质整理后，织物中棉纤维是吸附金属烯的主要载体，棉、涤表面经过金属烯附着后，均具有了导电性能，这为混合抵抗场的形成奠定了基础。

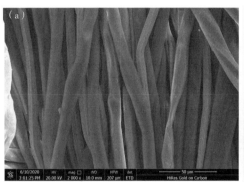

图 7-16　整理前后的样布 SEM 图

（三）织物的电磁屏蔽效能

图 7-17 是织物浸渍整理前后屏蔽效能的变化对比。在浸渍整理后，织物屏蔽效能在 6.57GHz~14GHz 频段内都有一定的提升，幅度达到 4~8dB，在 6.6GHz 时达到峰值 71dB。在 11.97GHz~18GHz 频段屏蔽效能也有明显提升，幅度达到 1~9dB。可见在经过简单的金属烯整理后，棉混纺电磁屏蔽织物的屏蔽效能得到有效提升。

根据电磁理论，理想金属屏蔽体的屏蔽效能主要通过反射损耗 R、吸收损耗 A 及多次反射损耗 B 决定，其关系见式（7-2）。根据图 7-16 可知，织物中的棉纤维经过处理后由于其表面附着金属烯而具备了较好的导电性，同样涤纶纤维虽然吸附较少，但也具有了一定导电性，正如图 7-13（b）所示，具有不同导电性的棉纤维、不锈钢纤维、涤纶纤维及金属烯微颗粒，在孔隙周围形成了多种屏蔽介质共存的状态，而这些介质由于均具有导电特性，因此会大幅度增加多次反射损耗 B，如图 7-18（b）所示。同时由于导电性的增加，在孔隙周围会形成电连通，从而产生反向感应电磁场，如图 7-18（d）所示，增加了吸收损耗 A。另外，金属烯微粒由于凹陷及多层结构特征具备一定的吸波作用，如图 7-18（c）所示，也增加了吸收损耗 A。这几个方面共同作用形成了如图 7-18 所示的"混合抵抗场"，从而使孔隙结构也具有了消耗电磁波的属性，最终相比原织物，整理后的织物屏蔽性能得到明显提升。

$$SE = R + A + B(\mathrm{dB})\tag{7-2}$$

式中，R 为反射损耗；A 为吸收损耗；B 为多次反射损耗。

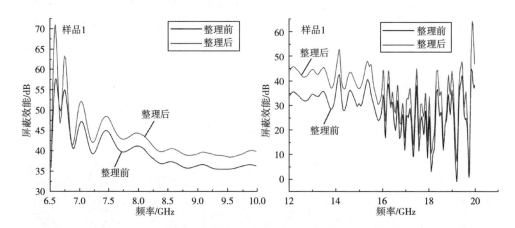

图 7-17　织物整理前后的电磁屏蔽效能对比

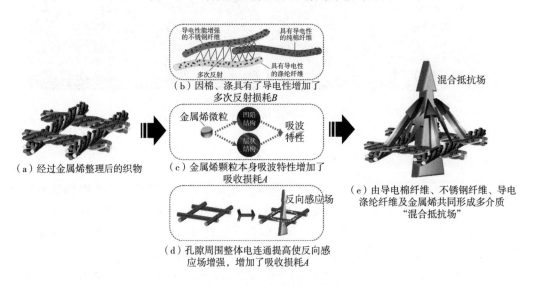

图 7-18　混合抵抗场示意图

（四）织物的吸波性能

图 7-19 是电磁屏蔽织物在吸波性能方面的变化。低频段中，整理后的织物的吸波性能较之前变化不大，但在 9.6GHz 左右出现峰值，达到 -16dB。高频段中，整理后织物的吸波性能出现了大幅度的增强，增强趋势随着频率的升高先增大后减小，最高达到了 -14dB。这种吸波性能来源于多个方面，一是由于整理后的织物附着的金属烯，而金属烯内部的层状结构导致入射电磁波在其片层间发生了多重反射，即式（7-2）中的吸收损耗 A 增加，使织物的整体吸波性能增强。二是金属烯内部的多凹陷结构导致电磁在其孔隙内部界面之间的多次反射次数增加，也增加了式（7-2）中的吸收损耗 A，如图 7-18（c）所示。三是整理后由于孔隙周围棉纤维及涤纶纤维

具有导电性能后导致电磁波在纤维之间的反射次数增加，使式（7-2）中的多次反射损耗 B 增加，如图7-18（b）所示，也相应降低了回波损耗，从而使织物的吸波能力提高。四是图7-18（d）所形成的反向感应电磁场也对入射电磁波有一定的消耗作用，即增加了吸收损耗 A。因此，金属烯对织物进行整理后，由于其本身多层特性及多凹陷特性导致对电磁波的吸收增加，同时孔隙周围由于棉、涤纶纤维具备导电性能后增加了电磁波在纱线之间的多次反射，以及因电连通增加孔隙所形成的反向感应电磁场的综合作用而形成了"混合抵抗场"，如图7-18（e）所示。这些均对电磁波进行了部分抵消，使吸收损耗增加，降低了回波损耗，从而使整理后的电磁屏蔽织物具有了较好的吸波性能，不仅具有很好的带宽而且也具有较好的峰值。

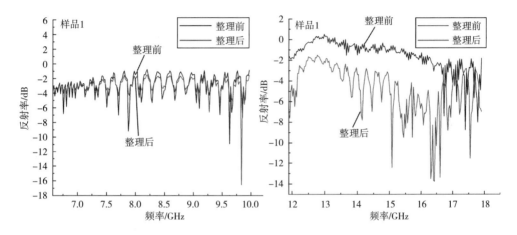

图7-19　织物的吸波性能对比

（五）织物电磁屏蔽性能的影响因素

通过反复实验发现，金属烯微介质在棉/不锈钢/涤混纺电磁屏蔽织物中的分布取决于纤维的种类以及织物的结构，主要有两种形态，如图7-20所示，一是吸附在以棉纤维为主的纤维表面，二是渗入纤维之间的孔隙中被包裹。很明显，这种吸附和渗入的具体参数会对所形成的"混合抵抗场"的效果产生影响，并且在一定方式下，肯定会有形成最佳"混合抵抗场"的参数组合。我们认为金属烯微介质自身性能、大小、数量、排列方式、与织物材料匹配程度等因素都会对孔隙周围形成最佳混合抵抗场产生影响。

然而由于目前技术及理论模型的限制，上述影响因素对电磁屏蔽织物的影响规律及影响机理还很难以明确，实验显示其规律是较为复杂且难以预测。例如，针对金属烯含量对电磁屏蔽织物屏蔽效能影响的研究，加大了偶联剂、分散剂的质量，原本预测这样会使电磁屏蔽织物的屏蔽效能和吸波特性得到明显大幅度提升，但实验结果与预测的结果也不一致。我们还对金属烯的配制方法进行改进以提高其性能或者改变其大小，选择不同后整理方式以形成一定排列形态，以研究其对整理后电磁屏蔽织物的影响，但目前还未发现规律，后续需不断探索。

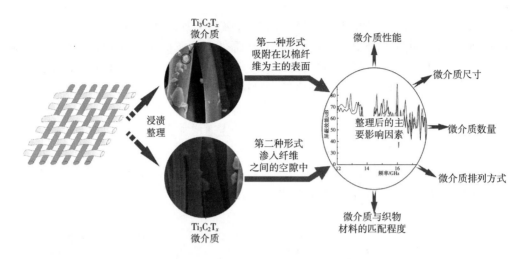

图 7-20　金属烯整理棉/不锈钢/涤混纺电磁屏蔽织物的影响因素

三、小结

（1）通过盐酸和氟化锂原位生成氢氟酸的方法刻蚀 Ti_3AlC_2 可制备出多层金属烯 $Ti_3C_2T_x$，其内部呈现出明显的层状结构和凹陷结构。

（2）配制金属烯分散液对棉/不锈钢/涤混纺电磁屏蔽织物进行浸渍整理，金属烯一部分吸附在不同纤维的表面，其中以棉纤维吸附最多，另一部分则被纤维之间的孔隙包裹。

（3）多层金属烯整理后，棉/不锈钢/涤混纺电磁屏蔽织物的屏蔽效能得到明显提升，在 6.57GHz~14GHz 频段提升幅度达到 4~8dB，在 6.6GHz 附近达到 71dB 的峰值，在 11.97GHz~18GHz 频段提升幅度达到 1~9dB。

（4）多层金属烯整理后，棉/不锈钢/涤混纺电磁屏蔽织物具有了吸波性能，其大小随频率呈增强趋势，在 9.6GHz 出现峰值-16dB，在 12GHz~18GHz 带宽范围提升明显，最高达到-14dB。

（5）采用金属烯对棉/不锈钢/涤混纺电磁屏蔽织物进行整理，可使棉纤维、涤纶纤维具有导电性能，与本身具有导电性的金属烯微粒、不锈钢纤维相互作用，在孔隙周围产生共混抵抗场，从而实现了保留孔隙使织物具有舒适性，同时提升织物电磁性能的目的。

第三节　"开口谐振环"超材料的绣入及对电磁屏蔽织物的影响

本节提出在织物中绣入"开口谐振环"超材料结构，使其所覆盖区域的织物孔隙具备消耗电磁波的能力，从而达到提升织物屏蔽效能的目的。通过对样布的测试及分析，探索了开口谐振环基本参数对织物屏蔽效能的影响因素及规律。该方法为解决孔隙严重降低电磁屏蔽织物屏蔽效能这一问题提供了一条新思路，可为高性能电磁屏蔽织物的开发提供参考。

一、实验

（一）基本思路

开口谐振环是一种磁性超材料结构，近年受到广泛的关注。该结构由一对同心的亚波长大小的开口环构成，可以通过谐振作用有效地改变磁导率，从而对电磁波产生良好的吸收损耗作用。其类型变化多样，主要结构如图 7-21 所示。其形成的必要条件之一是在导电环上加一个开口，使之等效于电感和电容构成的谐振电路，如图 7-21 所示的内外环等效电感及内外环等效电容。条件之二是两个大小不同的同心开口环反向放置，可使两个环所产生的电偶极矩相互抵消，从而增强开口谐振环的电磁波损耗效应。

图 7-21　开口谐振环类型及原理

基于上述原理，本节提出将开口谐振环绣入织物中以使孔隙区域形成对电磁波的吸收损耗作用。如图 7-22（a）所示，选择屏蔽纤维将某种类型开口谐振环绣于织物上，此时开口谐振环的间隙区域覆盖了织物的孔隙区域，如图 7-22（b）所示，这样在保留织物孔隙的情况下，使开口谐振环所覆盖的织物孔隙区域产生了抵抗电磁波的能力，从而达到提升织物屏蔽效能的目的，如图 7-22（c）所示。

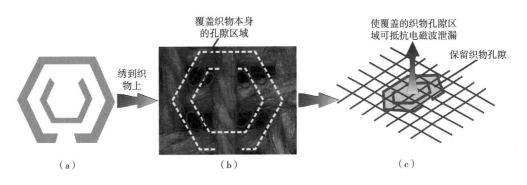

（a）　　　　　　　　　　（b）　　　　　　　　　　（c）

图 7-22　开口谐振环使所覆盖区域的织物孔隙产生抵抗电磁波的能力

（二）实验材料

选用普通织物及电磁屏蔽织物两种样布。其中普通织物为纯棉，经纬密度 302×128，纱支 19tex，平纹组织。电磁屏蔽织物为 30%不锈钢/40%涤纶/30%棉混纺，经纬密度 156×122，纱支 32tex，平纹组织。绣线由直径为 4μm 的导电不锈钢长丝多股加捻形成，绣针直径为 0.1mm。

（三）测试设备

如图 7-23 所示，采用波导管系统对织物的屏蔽效能进行测试。该系统包括矢量网络分析仪（美国安捷伦科技有限公司，N5232A）和波导管（西安恒达微波技术开发公司，BJ84）等主要部分，频段为 6.57GHz～9.99GHz，样品尺寸为 4.5mm×3.2mm。通过读取网络分析仪的 S 参数，织物的屏蔽效能可用式（7-3）计算：

$$SE = -10\lg(S_{11})^2 \tag{7-3}$$

式中，S_{11} 为输入反射系数，其值越小，代表面料的电磁屏蔽性能越好。

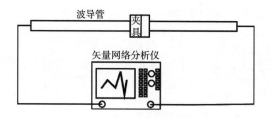

图 7-23　屏蔽效能测试设备

二、结果与分析

（一）开口谐振环绣入普通织物中的效果

实验显示，采用绣花方式将开口谐振环植入到普通织物中后，原本不具备屏蔽效能的普通织物均具有了屏蔽效能，其值大小及变化规律根据所绣入的开口谐振环类型不同而有所不同。图 7-24 给出了不同类型开口谐振环绣入普通织物后的屏蔽效能变化图，其中每个开口谐振环的外环直径为 1.2cm，样布中开口谐振环的数量为 2 个。图中显示，该织物原本的屏蔽效能基本为零，当绣入不同类型开口谐振环后其屏蔽效能均得到了不同程度提升，证明了开口谐振环在提升织物电磁防护性能方面的有效性。具体而言，绣入圆环形、六边形、四边形三种类型的开口谐振环之后，织物的屏蔽效能均得到明显提升，但整体随频率呈现下降趋势，在较低频段 6.57GHz～7GHz 范围均出现屏蔽效能最大值，峰值分别在 32.5ddB、32dB 及 30dB 附近，而在 7GHz 之后的较高频段织物的屏蔽效能均趋于平稳，在较窄范围内波动，其谷值分别在 19dB、12.5dB 及 10dB 附近。图 7-24 还显示，不同类型的开口谐振环对织物的屏蔽效能提升作用不同，其中六边形及四边形开口谐振环的提升作用相对较小，且两者对织物屏蔽效能的影响较为接近，而圆环形开口谐振环的提升作用则较好，对织物屏蔽效能的影响较为明显。

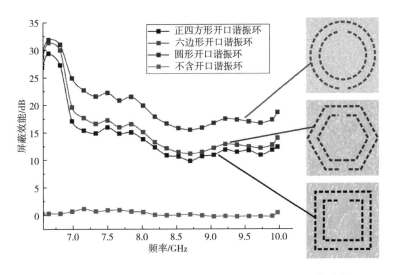

图 7-24　普通织物绣入不同类型开口谐振环后的屏蔽效能

我们认为，开口谐振环能提升普通织物的屏蔽效能，是源于开口谐振环在普通织物中能独立发挥作用。如图 7-25 所示，开口谐振环绣入普通织物中，由于织物中全是对电磁波透明的纤维，因此当这些纤维和开口谐振环的任何区域进行纠缠时，都不会对开口谐振环的性能造成影响，从而使开口谐振环可以不受干扰地发挥损耗电磁波从而提升织物屏蔽效能的作用。绣入开口谐振环后织物的屏蔽效能所呈现的趋势下降、低频峰值和高频谷值的规律，则是由开口谐振环本身的规律而决定。至于圆环形开口谐振环对织物的提升作用较为明显的原因，我们认为是由于曲率导致圆环的电导率增加，使电子在电感中的移动更加顺畅并且在电容两侧更易聚集，从而提升了开口谐振环的整体性能。

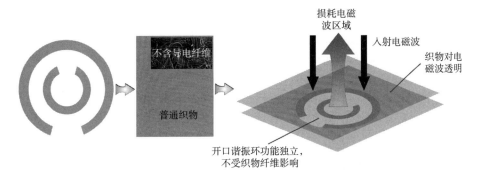

图 7-25　开口谐振环在普通织物中的作用机理分析

（二）开口谐振环在电磁屏蔽织物中的效果

实验证实，将开口谐振环绣入到电磁屏蔽织物中，一样也可较好地提升织物的电磁性能。如图7-26所示，将圆环形、六边形、四边形开口谐振环分别绣入电磁屏蔽织物中，均达到了对该织物屏蔽效能进行提升的作用。其中圆环形开口谐振环对织物屏蔽效能的提升作用最大，在所有频段范围提升幅度均超过了10dB，平均达到了15.6dB左右，六边形开口谐振环提升幅度次之，在频率范围内平均提升幅度可达到9dB左右，而四边形开口谐振环作用较小，在频段范围内平均提升幅度达到6.7dB左右。总体来说，六边形及四边形开口谐振环对织物的屏蔽效能的提升规律较为接近，圆环形开口谐振环的作用较为显著。并且每个类型的开口谐振环绣入后，对不锈钢电磁屏蔽织物的影响均较为均衡，屏蔽效能除了数值得到提升外，与原不锈钢织物的变化曲线形态基本一致，不会出现像绣入普通织物后低频段的屏蔽效能提升幅度大而高频段屏蔽效能的提升幅度小的明显差别。

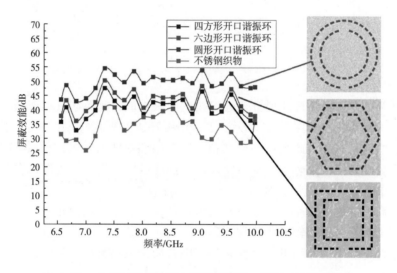

图7-26　电磁屏蔽织物绣入不同类型开口谐振后的屏蔽效能

产生上述现象的原因是开口谐振环在绣入电磁屏蔽织物中后，仍然能保持一定的电磁性能，产生对电磁波的损耗，而电磁屏蔽织物本身也对电磁波进行反射形成屏蔽，从而使开口谐振环的功能叠加到织物之上，在两者共同作用下使电磁屏蔽织物屏蔽效能得到提高。然而，由于基底是不锈钢电磁屏蔽织物，其中包含了较多的导电的不锈钢纤维，如图7-27所示，这些屏蔽纤维穿插在开口谐振环的腔体间隙中，在部分区域将外环电感及内部电感轻微连通，一定程度破坏了开口谐振环的结构，从而有限地削弱了开口谐振环对电磁波的屏蔽功能。正是因为这个原因，绣入开口谐振环后的织物屏蔽效能随频率的变化较为均匀，没有大的波动。但这种屏蔽纤维的干扰仅仅是局部和轻微的，因此导致开口谐振环对电磁屏蔽织物的提升虽然没有普通织物明显，但相对也是较为显著的。

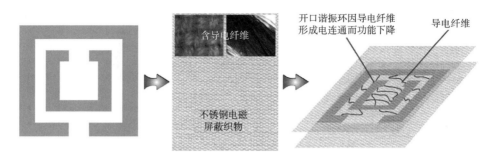

图 7-27 开口谐振环在不锈钢电磁屏蔽织物中的作用机理分析

（三）绣花方法对开口谐振环效果的影响

开口谐振环如何绣入织物中，也影响着功能绣的效果。绣花方法非常多，比较常用的有平针绣、回针绣和隐形绣等三种，各自的特点有所不同，其走针轨迹如图 7-28 所示，对于平针绣，绣线从 A 点、B 点、C 点、D 点交替穿入穿出；对于回针绣，绣针首先从 A 点穿入，C 点穿出，再返回至 B 点穿入，E 点穿出，然后再返回从 D 点穿入；而隐形绣则不需要穿过 A、B、C、D 中的任意一点，只需用绣针挑起 A 点处织物纤维的表面，从纤维的中间穿过，依法经过 B、C 两点，最终由 D 点穿出。

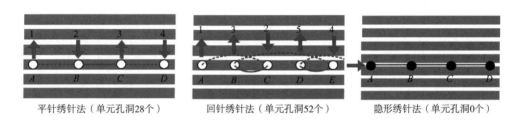

平针绣针法（单元孔洞28个）　　回针绣针法（单元孔洞52个）　　隐形绣针法（单元孔洞0个）

图 7-28 三种绣法的原理

图 7-29 给出了采用不同绣法绣入开口谐振环后织物的屏蔽效能。图中显示，对于同一类型开口谐振环，采用隐形绣绣入开口谐振环时的织物屏蔽效能最大，平绣次之，而回针绣最差。采用隐形绣比采用平绣时织物屏蔽效能的变化较小，差距基本保持为2dB 左右，而采用平绣和回针绣时织物的屏蔽效能变化较大，差距可以达到 4dB 左右。但尽管如此，无论采用任何绣法，织物最终的整体屏蔽效能均可以得到提高，说明绣花方法对织物的屏蔽效能是有较强影响的。

造成上述现象的原因其本质是由绣花方法所产生的孔洞而决定。虽然绣线很细，但绣花时绣针在织物中可能会形成孔洞，正如图 7-28 中所统计，绣入图 7-27 所示的开口谐振环，采用平针绣法产生 28 个针洞，采用回针绣会产生 52 个针洞，而对于隐形绣，则不会产生穿透性的针洞。根据电磁理论，孔洞的增多会使电磁波大量透过，导致织物的屏蔽效能降低，因此隐形绣表现出最佳的屏蔽效能，平针绣则次之，而回针绣表现出最差的屏蔽效能。

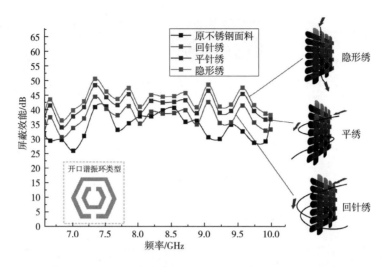

图 7-29　采用不同绣法绣入开口谐振环后织物屏蔽效能的对比

（四）排列方式对开口谐振环效果的影响

开口谐振环的排列方式主要包括开口谐振环的尺寸、之间间距等参数，其对开口谐振环的性能影响也较大，对织物电磁屏蔽性能的影响也较为明显。图 7-30 是排列方式对绣入开口谐振环后织物屏蔽效能的影响，其中左图为开口谐振环间距保持 2cm 不变，直径分别为 1.2cm、1.0cm 及 0.8cm 时织物的屏蔽效能，从图中可以看出随着直径的增加，绣入开口谐振环的织物的屏蔽效能呈现整体增加的趋势。而右图为开口谐振环直径为 1.2cm 时，间距分别为 1.5cm、2cm、2.5cm 时织物屏蔽效能变化，可以看出，随着间距的增加，织物的整体屏蔽效能呈现下降的趋势。

上述情况较易解释，当开口谐振环的尺寸增加时，其覆盖面积相应增加，作用于织物的孔隙区域也会增加，此时可以使更多的织物孔隙区域具有吸收抵抗电磁波的功能，从而提高了织物的整体屏蔽效能。当开口谐振环间距增加时，开口谐振环之间未被覆盖的孔隙区域增加，即导致没有较强屏蔽功能的织物孔隙区域增多，从而使织物整体的屏蔽效能出现下降。

事实上，排列方式还包括其他的因素，例如，开口谐振环开口的对位形式，开口谐振环的图案组合排列方式等，由于其机理目前还难以搞清，如何找出最佳的大小、间距、对位方式及图案，后续还需继续研究。另外，实验过程中也发现在一些综合因素作用下，开口谐振环的功能会出现失效，并不能提升织物的屏蔽效能，我们推测可能与绣线的电磁属性、开口谐振环的排列以及与织物本身的材料出现匹配冲突等因素有关，但具体原因还需在后续工作中继续探索。

三、小结

（1）将合适的开口谐振环绣入织物中可以较好提升织物的屏蔽效能。对于普通织

电磁屏蔽织物模型及性能

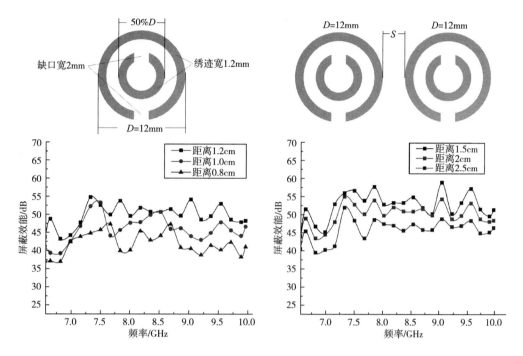

图 7-30　排列方式对绣入开口谐振环后织物屏蔽效能的影响

物，开口谐振环可以使其具有屏蔽效能；对于电磁屏蔽织物，开口谐振环可较为均匀地提升织物的屏蔽效能，其中圆环型谐振环的提升效果最为明显。

（2）绣花的方法对开口谐振环提升屏蔽效能的效果有明显的影响，具体取决于绣花所产生的孔洞，对于隐形绣，由于不产生穿刺性孔洞，因此其效果最佳；而对于回针绣，由于其形成孔洞较多，因此其效果最差；平针绣的效果则介于两者之间。

（3）排列方式对开口谐振环的效果也有较明显的影响。当开口谐振环的尺寸增加时，其对织物屏蔽效能的提升也相应增加，当开口谐振环之间间距增加时，其对织物屏蔽效能的提升则减小。

另外，开口谐振环对织物屏蔽效能的提升还有较多影响因素，例如，开口谐振环开口的对位形式，开口谐振环的图案式组合排列方式、绣线的种类及电磁属性、与织物本身材料的匹配度等，在一定情况下，这些因素的综合作用也可能使开口谐振环失去功能，其机理目前还难以搞清，后续工作还需不断探索。

参考文献

［1］ LIU Z, WANG X, ZHANG H, et al. Analysis of surface metal fiber arrangement of electromagnetic shielding fabric and its influence on shielding effectiveness ［J］. International Journal of Clothing Science and Technology, 2016, 28 (2): 191-200.

［2］ WANG X, LIU Z, ZHOU Z, et al. Automatic identification of gray porosity and its influence on shielding effectiveness for electromagnetic shielding fabric ［J］. International Journal of Clothing Science and Technology, 2014 (26): 424-436.

［3］ LIU Z, RONG X, YANG Y, et al. Influence of Metal Fiber Content and Arrangement on Shielding Effectiveness for Blended Electromagnetic Shielding Fabric ［J］. Materials Science-Medziagotyra, 2015 (21): 265-270.

［4］ WANG X, LI Y, SU Y, et al. Digital description model of a three-dimensional arrangement structure of conductive fiber of electromagnetic shielding fabric ［J］. International Journal of Clothing Science and Technology, 2017 (29): 14-24.

［5］ WANG X, LIU Z, ZHOU Z. Virtual metal model for fast computation of shielding effectiveness of blended electromagnetic interference shielding fabric ［J］. International Journal of Applied Electromagnetics and Mechanics, 2014 (44): 87-97.

［6］ LIU Z, SU Y, LI Y, et al. Numerical calculation of shielding effectiveness of electromagnetic shielding fabric based on finite difference time domain ［J］. International Journal of Applied Electromagnetics and Mechanics, 2016 (50): 593-603.

［7］ YEE K. Numerical solution of initial boundary value problems involving maxwells equations in isotropic media ［J］. IEEE Transactions on Antennas and Propagation, 1966 (14): 302.

［8］ ZHAO C, JIANG Q, JING S. Calibration-Independent and position-Insensitive transmission/reflection method for permittivity measurement with one sample in coaxial line ［J］. IEEE Transactions on Electromagnetic Compatibility, 2011 (53): 684-689.

［9］ SHI Y, HAO T, LI L, et al. An improved NRW method to extract electromagnetic parameters of metamaterials ［J］. Microwave and Optical Technology Letters, 2016 (58): 647-652.

［10］ LIU Z, WANG X. Influence of fabric weave type on the effectiveness of electromagnetic shielding woven fabric [J]. Journal of Electromagnetic Waves and Applications, 2012 (26): 1848-1856.

[11] LIU Z, WANG X. FDTD Numerical calculation of shielding effectiveness of electromagnetic shielding fabric based on warp and weft weave points [J]. IEEE Transactions on Electromagnetic Compatibility, 2020 (62): 1693-1702.

[12] KURCZEWSKA A, STEFKO A, BYCZKOWSKA L. A. Tests of materials shielding electromagnetic field of low and medium frequencies dedicated for screens or protective clothing [J]. Przeglad Elektrotechniczny, 2012 (88): 225-227.

[13] KUROKAWA S, SATO T. A design scheme for electromagnetic shielding clothes via numerical computation and time domain measurements [J]. Ieice Transactions on Electronics, 2003 (86): 2216-2223.

[14] LARCIPRETE M, GLOY Y, VOTI R, et al. Temperature dependent emissivity of different stainless steel textiles in the infrared range [J]. International Journal of Thermal Sciences, 2017 (113): 130-135.

[15] LIU Z, LI Y, PAN Z, et al. FDTD computation of shielding effectiveness of electromagnetic shielding fabric based on weave region [J]. Journal of Electromagnetic Waves and Applications, 2017 (31): 309-322.

[16] WANG X, LIU Z, ZHOU Z. Rapid computation model for accurate evaluation of electromagnetic interference shielding effectiveness of fabric with hole based on equivalent coefficient [J]. International Journal of Applied Electromagnetics and Mechanics, 2015 (47): 177-185.

[17] LIU Z, WANG X, ZHOU Z. Automatic recognition of metal fiber per unit area for electromagnetic shielding fabric based on computer image analysis [J]. Progress In Electromagnetics Research Letters, 2013 (37): 101-111.

[18] LIU Z, WANG X. Relation between shielding effectiveness and tightness of electromagnetic shielding fabric [J]. Journal of Industrial Textiles, 2013 (43): 302-316.

[19] WANG X, LIU Z. Influence of fabric density on shielding effectiveness of electromagnetic shielding fabric [J]. Przeglad Elektrotechniczny, 2012, 88 (11): 236-238.

[20] HE S, LIU Z, WANG H, et al. Effect of needle loops on shielding effectiveness of electromagnetic shielding knitted fabrics [J]. Textile Research Journal, 2023 (93): 691-700.

[21] LLINARES B, DIAZ G, MIRO P. Calculation of interlock, 1×1 rib, and single jersey knitted fabrics shrinkage during the dyeing process after determining loop shape [J]. Textile Research Journal, 2021 (91): 2588-2599.

[22] LIANG R, CHENG W, XIAO H, et al. A calculating method for the electromagnetic shielding effectiveness of metal fiber blended fabric [J]. Textile Research Journal,

参考文献

2018（88）：973-986.

[23] LI L, AU W, WAN K, WAN S, et al. A Resistive Network Model for Conductive Knitting Stitches [J]. Textile Research Journal, 2010（80）：935-947.

[24] LIU Z, ZHANG H, RONG X, et al. Influence of Metal Fibre Content of Blended Electromagnetic Shielding Fabric on Shielding Effectiveness Considering Fabric Weave [J]. Fibres & Textiles in Eastern Europe, 2015（23）：83-87.

[25] LIU Z, SU Y, XU Q, et al. Influence of Polarization Direction on the Shielding Effectiveness of Electromagnetic Shielding Fabric with Circular Hole [J]. Cotton Textile Technology, 2017（45）：25-29.

[26] NAGUIB M, KURTOGLU M, PRESSER V, et al. Two-Dimensional Nanocrystals Produced by Exfoliation of Ti_3AlC_2 [J]. Advanced Materials, 2011（23）：4248-4253.

[27] IQBAL Q, SAMBYAL P, KOO C. 2D MXenes for Electromagnetic Shielding：A Review [J]. Advanced Functional Materials, 2020, 30（47）：2000883. 1-2000883. 25.

[28] SHAHZAD F, ALHABEB M, HATTER C, et al. Electromagnetic interference shielding with 2D transition metal carbides（MXenes）[J]. Science, 2016（353）：1137-1140.

[29] QING Y, ZHOU W, LUO F, et al. Titanium carbide（MXene）nanosheets as promising microwave absorbers [J]. Ceramics International, 2016（42）：16412-16416.

[30] HAN M, YIN X, WU H, et al. Ti_3C_2 MXenes with Modified Surface for High-Performance Electromagnetic Absorption and Shielding in the X-Band [J]. Acs Applied Materials & Interfaces, 2016（8）：21011-21019.

[31] LIU J, ZHANG H, SUN R, et al. Hydrophobic, flexible, and lightweight MXene foams for high-performance electromagnetic-interference shielding [J]. Advanced Materials, 2017（29）：6.

[32] GENG L, ZHU P, WEI Y, et al. A facile approach for coating $Ti_3C_2T_x$ on cotton fabric for electromagnetic wave shielding [J]. Cellulose, 2019（26）：2833-2847.

[33] ENYASHIN A, IVANOYSKII A. Structural and electronic properties and stability of MXenes Ti_2C and Ti_3C_2 functionalized by methoxy groups [J]. Journal of Physical Chemistry C, 2013（117）：13637-13643.

[34] GHIDIU M, IUKATSKAYA M, ZHAO M, et al. Conductive two-dimensional titanium carbide "clay" with high volumetric capacitance [J]. Nature, 2014（516）：78-81.

[35] WANG X, HANG G, LIU Z, et al. Study on finishing and electromagnetic properties of electromagnetic shielding fabric based on multilayer $Ti_3C_2T_x$ medium

[J]. Journal of the Textile Institute, 2022 (113): 2704-2713.

[36] CAO M, CAI Y, HE P, et al. 2D MXenes: Electromagnetic property for microwave absorption and electromagnetic interference shielding [J]. Chemical Engineering Journal, 2019 (359): 1265-1302.

[37] VESELAGO V. Electrodynamics of substances with simultaneously negative values of sigma and mu [J]. Soviet Physics Uspekhi-Ussr, 1968 (10): 509.

[38] PENDRY J, HOLDEN A, ROBBINS D, et al. Magnetism from conductors and enhanced nonlinear phenomena [J]. IEEE Transactions on Microwave Theory and Techniques, 1999 (47): 2075-2084.

[39] LANDY N, SAJUYIGBE S, MOCK J, et al. Perfect metamaterial absorber [J]. Physical Review Letters, 2008, 100 (20): 279-282.

[40] LIU Z, HE S, WANG H, et al. Improvement of the electromagnetic properties of blended electromagnetic shielding fabric of cotton/stainless steel/polyester based on multi-layer MXenes [J]. Textile Research Journal, 2022 (92): 1495-1505.

[41] URBANKOWSKI P, ANASORI B, MAKARYAN T, et al. Synthesis of two-dimensional titanium nitride Ti_4N_3 (MXene) [J]. Nanoscale, 2016 (8): 11385-11391.

[42] XU C, WANG L, LIU Z, et al. Large-area high-quality 2D ultrathin Mo_2C superconducting crystals [J]. Nature Materials, 2015 (14): 1135.

[43] SEBASTIAN A, JOSEPH D, ASWATHI P, et al. Complex permittivity measurement technique using metamaterial broadside coupled split ring resonator [J]. Journal of Applied Physics, 2022, 132 (10): 105104.

[44] ALNAIB I, ATEEQ I. Excitation of asymmetric resonance with symmetric split-ring resonator [J]. Materials, 2022, 15 (17): 5921.

参考文献

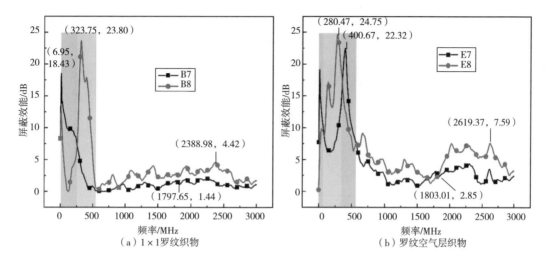

（a）1×1罗纹织物

（b）罗纹空气层织物

彩图 1　金属材料与织物屏蔽效能的关系（见正文图 4-15）

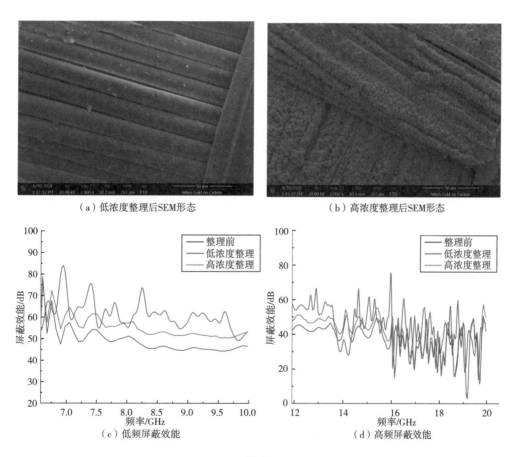

（a）低浓度整理后SEM形态

（b）高浓度整理后SEM形态

（c）低频屏蔽效能

（d）高频屏蔽效能

彩图 2

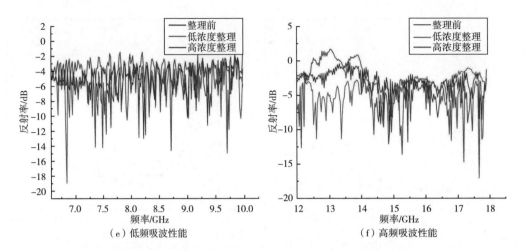

（e）低频吸波性能　　　　　　　　（f）高频吸波性能

彩图 2　金属烯含量不同时样布 2 的 SEM 及电磁性能对比（见正文图 6-7）